한국수학학력평가
KMA (Korean Mathematics Ability Evaluation)

1 KMA 특징

KB070153

현직 교수, 박사급 출제위원!

맞춤 학습 교재 추천

AI 교과 기본/응용/심화 + 창의 사고력 도전 평가 빅데이터 결과분석

KMA 한국수학학력평가는 개개인의 현재 수학실력에 대한 면밀한 정보를 제공하고자 인공지능(AI)을 통한 빅데이터 평가 자료를 기반으로 문항별, 단원별 분석과 교과 역량 지표를 분석합니다. 또한 이를 바탕으로 전체 응시자 평균점과 상위 30 %, 10 % 컷 점수를 알고 본인의 상대적 위치를 확인할 수 있습니다.

KMA 한국수학학력평가는 단순 점수와 등급 확인을 위한 평가가 아니라 미래사회가 요구하는 수학 교과 역량 평가지표 5가지 영역을 평가함으로써 수학실력 향상의 새로운 기준을 만들었습니다.

KMA 한국수학학력평가는 인공지능(AI)을 이용한 평가 결과 분석을 통해 응시자의 실력 향상에 도움이 될 수 있는 맞춤 학습 교재를 추천하고 있습니다.

2 KMA/KMAO 평가 일정 안내

구분	일정	내용
한국수학학력평가(상반기 예선)	매년 6월	상위 10% 성적 우수자에 본선 진출권 자동 부여
한국수학학력평가(하반기 예선)	매년 11월	
왕수학 전국수학경시대회(본선)	매년 1월	상반기 또는 하반기 KMA 한국수학학력평가에서 상위 10% 성적 우수자 대상으로 본선 진행

※ 상기 일정은 상황에 따라 변동될 수 있습니다.

3 KMA(하반기) 시험 개요

참가 대상	초등학교 1학년~중학교 3학년
신청 방법	해당지역 접수처에 직접신청 또는 KMA 홈페이지에 온라인 접수
시험 범위	초등 : 2학기 1단원~4단원
	중등 : KMA홈페이지(www.kma-e.com) 참조

※ 초등 1, 2학년 : 25문항(총점 100점, 60분)　　▶ 시험지 内 답안작성
※ 초등 3학년~중등 3학년 : 30문항(총점 120점, 90분)　　▶ OMR 카드 답안작성

4 KMA 평가 영역

KMA 한국수학학력평가에서는 아래 5가지 수학교과역량을 평가에 반영하였습니다.

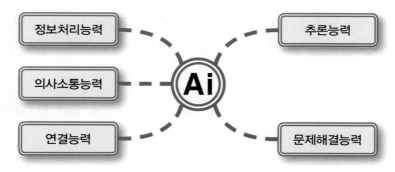

5 KMA 평가 내용

| 교과서 기본 과정
(10문항) | 해당학년 수학 교과과정에서 기본개념과 원리에 기반 한 교과서 기본문제 수준으로 수학적 원리와 개념을 정확히 알고 있는지를 측정하는 문항들로 구성됩니다. |

교과서 기본 과정 (10문항)
해당학년 수학 교과과정에서 기본개념과 원리에 기반 한 교과서 기본문제 수준으로 수학적 원리와 개념을 정확히 알고 있는지를 측정하는 문항들로 구성됩니다.

교과서 응용 과정 (10문항)
해당학년 수학 교과과정의 수학적 원리와 개념을 정확히 알고 기본문제에서 한 단계 발전된 형태의 수준으로 기본과정의 개념과 원리를 다양한 상황에 적용하고 응용 할 수 있는지를 측정하는 문항들로 구성됩니다.

교과서 심화 과정 (5문항)
해당학년의 수학 교과과정의 내용을 정확히 알고, 이를 다양한 상황에 적용하고 응용하는 능력뿐만 아니라, 문제에서 구하는 내용과 주어진 조건과의 상호 관련성을 파악하여 문제를 해결할 수 있는지를 측정하는 문항들로 구성됩니다.

창의 사고력 도전 문제 (5문항)
학습한 수학내용을 자유자재로 문제상황에 적용하며, 창의적으로 문제를 해결할 수 있는 수준으로 이 수준의 문항은 학생들이 기존의 풀이방법에서 벗어나 창의성을 요구하는 비정형 문항으로 구성됩니다.

※ 창의 사고력 도전 문제는 초등 3학년~중등 3학년만 적용됩니다.

6 KMA 평가 시상

	시상명	대상자	시상내역
개 인	금상	90점 이상	상장, 메달
	은상	80점 이상	상장, 메달
	동상	70점 이상	상장, 메달
	장려상	50점 이상	상장
학 원	대상	수상자 다수 배출 상위 10개 학원	상장, 상패, 현판
	최우수학원상	수상자 다수 배출 상위 50개 학원	상장, 족자(배너)
	우수지도교사상	상위 10% 성적 우수학생의 지도교사	상장

※ 상위 10% 이내 성적 우수자에 본선(KMAO 왕수학 전국수학경시대회) 진출권 부여

KMA OMR 카드 작성시 유의사항

1. 모든 항목은 컴퓨터용 사인펜만 사용하여 보기와 같이 표기하시오.
   보기) ① ● ③
   ※ 잘못된 표기 예시 : ☑ ☒ ⊙ ∅
2. 수정시에는 수정테이프를 이용하여 깨끗하게 수정합니다.
3. 수험번호란과 생년월일란에는 감독 선생님의 지시에 따라 아라비아 숫자로 쓰고 해당란에
3. 표기하시오.
4. 답란에는 아라비아 숫자를 쓰고, 해당란에 표기하시오.
   ※ OMR카드를 잘못 작성하여 발생한 성적 결과는 책임지지 않습니다.

OMR 카드 답안작성 예시 1 한 자릿수	예1) 답이 1 또는 선다형 답이 ①인 경우 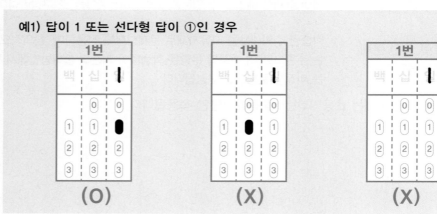

OMR 카드 답안작성 예시 2 두 자릿수	예2) 답이 12인 경우 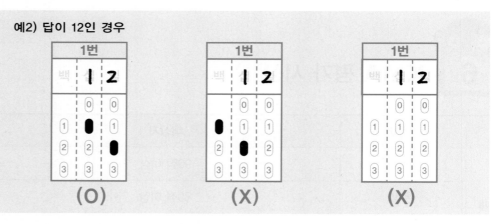

OMR 카드 답안작성 예시 3 세 자릿수	예3) 답이 230인 경우 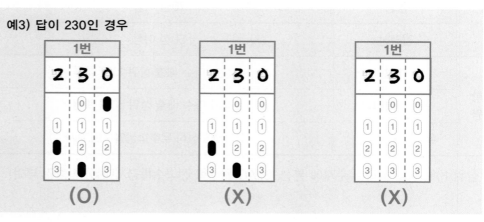

8 KMA 접수 안내 및 유의사항

⑴ 가까운 지정 접수처 또는 KMA 홈페이지(www.kma-e.com)에서 접수합니다.

⑵ 지정 접수처 접수 시, 응시원서를 작성하여 응시료와 함께 접수합니다.
　(KMA 홈페이지에서 응시원서를 다운로드 받아 사용 가능)

⑶ 응시원서는 모든 사항을 빠짐없이 정확하게 작성합니다.
　시험장소는 접수 마감 후 추후 KMA 홈페이지에 공지할 예정입니다.

⑷ 초등학교 3학년 응시생부터는 OMR 카드를 사용하여 답안을 작성하기 때문에 KMA 홈페이지에서
　OMR 카드를 다운로드하여 충분히 연습하시기 바랍니다.
　(OMR 카드를 잘못 작성하여 발생한 성적에 대해서는 책임지지 않습니다.)

⑸ 부정행위 또는 타인의 시험을 방해하는 행위 적발 시, 즉각 퇴실 조치하고 당해 시험은 0점 처리
　되오니, 이점 유의하시기 바랍니다.

9 KMAO 왕수학 전국수학경시대회(본선)

KMA 한국수학학력평가 성적 우수자(상위 10%) 등을 대상으로 왕수학 전국수학경시대회를 통해 우수한 수학 영재를 조기에 발굴 교육함으로, 수학적 문제해결력과 창의 융합적 사고력을 키워 미래의 우수한 글로벌 리더를 키우고자 본 경시대회를 개최합니다.

참가 대상 및 응시료	KMA 한국수학학력평가 상반기 또는 하반기에서 성적 우수자 상위 10% 해당자로 본선 진출 자격을 받은 학생 또는 일반 참가 학생 ＊본선 진출 자격을 받은 학생들은 응시료를 할인 받을 수 있는 혜택이 있습니다.
대상 학년	초등 : 초3 ~ 초6(상급학년 지원 가능) 　　　　※초1~2학년은 본선 시험이 없으므로 초3학년에 응시 자격 부여함. 중등 : 중등 통합 공통과정(학년구분 없음)
출제 문항 및 시험 시간	주관식 단답형(23문항), 서술형(2문항) 시험 시간 : 90분 ＊풀이 과정에 따른 부분 점수가 있을 수 있습니다.
시험 난이도	왕수학(실력), 점프왕수학, 응용왕수학, 올림피아드왕수학 수준

＊시상 및 평가 일정 등 자세한 내용은 KMA 홈페이지(www.kma-e.com)에서 확인 하실 수 있습니다.

10 교재의 구성과 특징

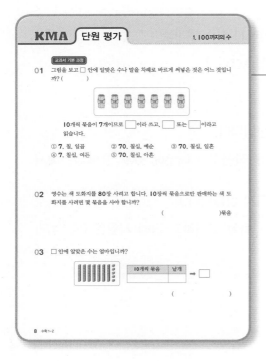

단원평가

KMA 시험을 대비할 수 있는 문제 유형들을 단원별로 정리하여 수록하였습니다.

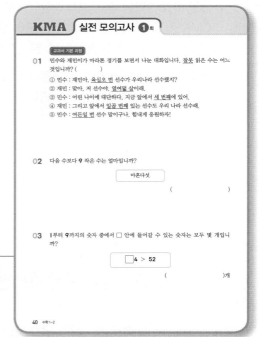

실전 모의고사

출제율이 높은 문제를 수록하여 KMA 시험을 완벽하게 대비할 수 있도록 합니다.

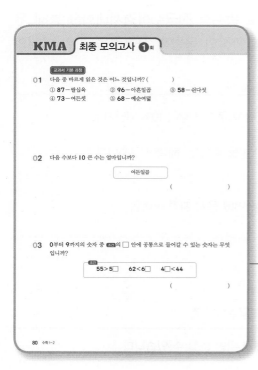

최종 모의고사

KMA 출제 위원과 검토 위원들이 문제 난이도와 타당성 등을 모두 고려한 최종 모의고사를 통하여 KMA 시험을 최종적으로 대비할 수 있도록 하였습니다.

Contents

교과서 기본 과정

01 그림을 보고 □ 안에 알맞은 수나 말을 차례로 바르게 써넣은 것은 어느 것입니까? (　　　　　)

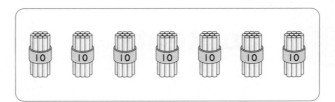

10개씩 묶음이 7개이므로 □이라 쓰고, □ 또는 □이라고 읽습니다.

① **7**, 칠, 일곱　　　② **70**, 칠십, 예순　　　③ **70**, 칠십, 일흔
④ **7**, 칠십, 여든　　　⑤ **70**, 칠십, 아흔

02 영수는 색 도화지를 **80**장 사려고 합니다. **10**장씩 묶음으로만 판매하는 색 도화지를 사려면 몇 묶음을 사야 합니까?

(　　　　　　　　　　)묶음

03 □ 안에 알맞은 수는 얼마입니까?

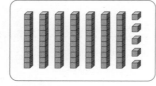

10개씩 묶음	낱개
	.

→ □

(　　　　　　　　　)

04 수를 바르게 읽은 것은 어느 것입니까? (   )

① 76 – 칠십여섯 – 일흔여섯   ② 82 – 팔십둘 – 여든이

③ 94 – 구십넷 – 아흔사   ④ 68 – 육십팔 – 예순여덟

⑤ 67 – 육십일곱 – 예순칠

05 순서에 맞게 차례로 수를 쓸 때 ㉠에 알맞은 수는 얼마입니까?

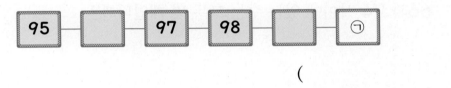

(   )

06 ★에 알맞은 수는 얼마입니까?

★보다 I 큰 수는 90입니다.

(   )

07 다음에서 설명하고 있는 수는 얼마입니까?

> - 90보다 10 큰 수입니다.
> - 99보다 1 큰 수입니다.
> - 99 다음의 수입니다.

(   )

08 66과 74 사이에 있는 수는 모두 몇 개입니까?

(   )개

09 두 수의 크기를 바르게 비교한 것은 어느 것입니까? (   )

① 69>71   ② 54<48   ③ 72>81

④ 75<82   ⑤ 70<68

10 짝수는 모두 몇 개입니까?

| 31 43 54 67 72 85 96 12 |

( )개

11 □ 안에 들어갈 수 있는 숫자들은 모두 몇 개입니까?

67 < □7

( )개

12 다음에서 설명하는 수는 얼마입니까?

- 70보다 크고 80보다 작습니다.
- 10개씩 묶음의 수가 낱개의 수보다 1 큽니다.

( )

교과서 응용 과정

13 수 배열표에서 수를 쓴 규칙에 따라 빈칸에 알맞은 수를 써넣을 때 ㉠에 알맞은 수는 얼마입니까?

60			64			68	
	72			76			
			㉠				

(   )

14 유승이는 색종이를 10장씩 8묶음을 가지고 있습니다. 이 중에서 낱장으로 3장을 동생에게 준다면 유승이에게 남는 색종이는 몇 장입니까?

(   )장

15 다음에서 설명하는 수는 모두 몇 개입니까?

> • 홀수입니다.
> • 20보다 크고 35보다 작은 수입니다.

(   )개

16 동석이와 은지가 함께 설명하고 있는 수는 몇 개입니까?

> 동석 : 이 수는 17과 85 사이의 수야.
> 은지 : 이 수는 낱개의 수가 3이네.

(   )개

17 가장 큰 것을 찾아 수로 나타내면 얼마입니까?

> ㉠ 여든여덟
> ㉡ 10개씩 묶음 8개와 낱개 15개
> ㉢ 90보다 3 작은 수

(   )

18 바르게 말한 사람은 누구입니까? (   )

> 상연 : 69는 70보다 크고 75보다 작은 수입니다.
> 예슬 : 78과 85 사이에 있는 수는 모두 7개입니다.
> 가영 : 10개씩 묶음 8개와 낱개 13개는 93입니다.

① 상연   ② 예슬   ③ 가영

19 수직선에서 ㉠이 나타내는 수는 얼마입니까?

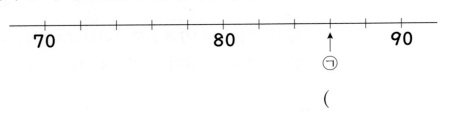

(   )

20 신영이는 사탕을 10개씩 5봉지, 5개씩 4봉지, 낱개 14개를 샀습니다. 신영이가 산 사탕은 모두 몇 개입니까?

(   )개

교과서 심화 과정

21 20부터 60까지 차례로 수를 쓸 때 숫자 3은 모두 몇 번을 써야 합니까?

(   )번

22 16과 ★ 사이에 있는 수의 개수가 25개일 때, ★은 어떤 수입니까?

(   )

23 다섯 장의 숫자 카드 중에서 **2**장을 뽑아 몇십몇을 만들려고 합니다. 만들 수 있는 수 중에서 홀수는 모두 몇 개입니까?

( )개

24 다음 설명에 알맞은 수는 얼마입니까?

> · I0개씩 묶음의 수와 낱개의 수의 합은 **8**입니다.
> · I0개씩 묶음의 수는 낱개의 수보다 **4** 큰 수입니다.

( )

25 유승이의 수학 점수에 대한 설명입니다. 유승이의 수학 점수로 가능한 수는 몇 가지입니까?

> 설명
> · 유승이의 수학 점수는 짝수입니다.
> · 유승이의 수학 점수의 십의 자리 숫자는 짝수가 아닙니다.
> · 유승이의 수학 점수는 십의 자리 숫자가 일의 자리 숫자보다 큽니다.
> · 유승이는 유승이네 모둠에서 두 번째로 시험을 잘 보았습니다.
>
> 〈유승이네 모둠의 수학 점수〉
>
> | 이름 | 유승 | 한솔 | 근희 | 한별 |
> | --- | --- | --- | --- | --- |
> | 점수(점) | | 75 | 98 | 81 |

( )가지

교과서 기본 과정

01 빈 곳에 알맞은 수는 얼마입니까?

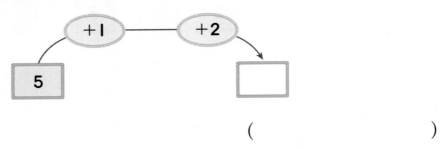

(   )

02 사탕 **9**개 중에서 내가 **4**개 먹고, 동생이 **3**개 먹었습니다. 남아 있는 사탕은 몇 개입니까?

(   )개

03 □ 안에 알맞은 수는 얼마입니까?

$$1+4+\square=9$$

(   )

04 □ 안에 알맞은 수를 구하시오.

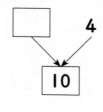

(   )

05 가영이는 인형 **8**개를 가지고 있고, 동민이는 장난감 **2**개를 가지고 있습니다. 가영이의 인형의 수와 동민이의 장난감의 수를 합하면 모두 몇 개입니까?

(   )개

06 석기는 종이비행기 **10**개를 접었습니다. 그중에서 **7**개를 날려 보냈습니다. 남아 있는 종이비행기는 몇 개입니까?

(   )개

07 유승이는 딸기 맛 사탕 **4**개, 포도 맛 사탕 **7**개, 자두 맛 사탕 **3**개를 가지고 있습니다. 유승이가 가지고 있는 사탕은 모두 몇 개입니까?

(   )개

08 다음 중 계산 결과가 홀수인 것은 어느 것입니까? (   )

① $9-4-1$ ② $3+2+8$ ③ $4+2+2$

④ $10-3-1$ ⑤ $4+2+6$

09 가영이는 연필을 10자루 가지고 있었습니다. 그중에서 3자루는 동생에게 주고, 5자루는 친구에게 주었습니다. 가영이에게 남은 연필은 몇 자루입니까?

(   )자루

10 □ 안에 들어갈 수가 가장 큰 것은 어느 것입니까? (   )

① $10-2-□=2$ ② $10-4-□=1$

③ $4+□+8=14$ ④ $5+3+□=15$

⑤ $□+6+3=13$

11 다음 중 계산 결과가 <u>다른</u> 것은 어느 것입니까? (   )

① 4+7+6   ② 3+10+4   ③ 7+8+2

④ 7+7+3   ⑤ 6+8+4

교과서 응용 과정

12 10을 세 수로 가르기 하려고 합니다. □ 안에 알맞은 수를 구하시오.

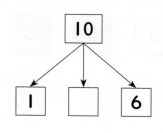

(   )

13 다음 중 계산 결과가 가장 작은 것은 어느 것입니까? (   )

① 3+9+1   ② 17−7+2   ③ 15−5−2

④ 4+8+6   ⑤ 8+2−3

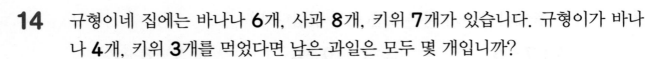
14 규형이네 집에는 바나나 **6**개, 사과 **8**개, 키위 **7**개가 있습니다. 규형이가 바나나 **4**개, 키위 **3**개를 먹었다면 남은 과일은 모두 몇 개입니까?

( )개

15 다음 **5**장의 숫자 카드 중 **3**장을 뽑아 세 수를 더했더니 그 값이 **15**가 되었습니다. 세 수 중 가장 큰 수를 구하시오.

| 3 | 4 | 5 | 7 | 9 |

( )

16 친구들과 처음 뽑은 카드의 수를 맞추는 놀이를 하고 있습니다. 유승, 한솔, 근희가 처음 뽑은 카드에 적힌 수의 합은 얼마입니까?

유승 : 내가 처음 뽑은 카드의 수에 **4**를 더하고 **7**을 빼면 **3**이 나와.
한솔 : 내가 처음 뽑은 카드의 수에서 **3**을 빼고 **7**을 더하면 **8**이 나와.
근희 : 내가 처음 뽑은 카드의 수에 **5**를 더하고 **8**을 더하면 **15**가 나와.

( )

17 ㉮와 ㉯에 알맞은 두 수의 합을 구하시오.

$$㉮ + 8 = 10, \ 10 - ㉯ = 3$$

(   )

18 ㉮에 알맞은 수를 구하시오.

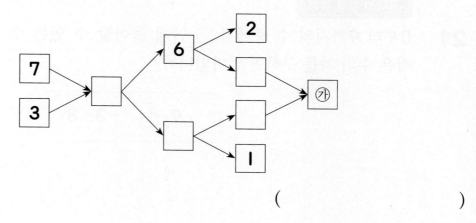

(   )

19 10을 두 수로 가르고 모으기 한 것입니다. ㉠과 ㉡에 알맞은 수의 합이 **7**일 때 ㉢에 알맞은 수는 얼마입니까?

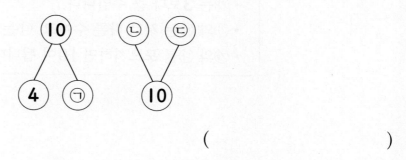

(   )

20 8장의 수 카드 중에서 두 수의 합이 10이 되도록 2장씩 짝지었을 때 짝을 짓고 남은 수 카드의 수의 합은 얼마입니까?

| 1 | 8 | 6 | 2 | 3 | 9 | 5 | 4 |

(   )

교과서 심화 과정

21 0부터 9까지의 수 중에서 □ 안에 들어갈 수 있는 수 중 가장 큰 수와 가장 작은 수의 차를 구하면 얼마입니까?

$$9 - \boxed{} + 3 < 8$$

(   )

22 다음을 모두 만족하는 ㉮를 구하시오.

- ㉮는 3보다 큰 수입니다.
- ㉮와 ㉯는 서로 다른 수이고, ㉯는 4보다 큰 수입니다.
- ㉮와 ㉯를 모으기하면 10이 됩니다.

(   )

23 규칙을 찾아 빈 곳에 알맞은 수를 구하시오.

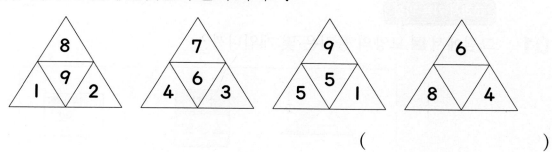

(   )

24 **1**부터 **9**까지의 수 중 홀수들의 합을 ㉮, 짝수들의 합을 ㉯라고 할 때 ㉮와 ㉯의 차를 구하시오.

(   )

25 규칙 에 따라 각 칸에 **1**부터 **9**까지의 수를 한 번씩만 써넣으려고 합니다. ★에 알맞은 수는 얼마입니까?

> 규칙
> • ①에서 세로 방향으로 놓여 있는 세 수의 합은 **17**입니다.
> • ②에서 세로 방향으로 놓여 있는 세 수의 합은 **6**입니다.
> • ③에서 가로 방향으로 놓여 있는 세 수의 합은 **17**입니다.

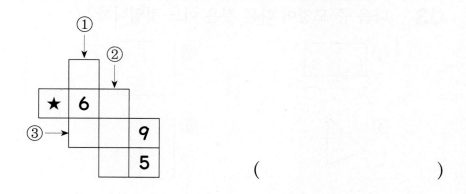

(   )

01 그림에서 ■ 모양의 물건은 몇 개입니까?

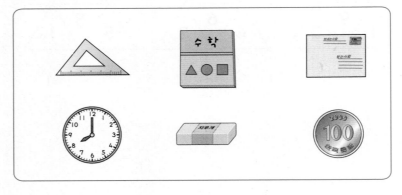

(   )개

02 다음과 같은 점들을 곧게 이으면 어떤 모양이 됩니까? (   )

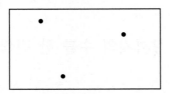

① ● 모양
② ▲ 모양
③ ■ 모양

03 다음 중 모양이 <u>다른</u> 것은 어느 것입니까? (   )

①

②

③

④

⑤

04 12시 30분을 나타내는 시계는 어느 것입니까? (   )

①    ②    ③

④    ⑤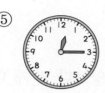

05 그림에서 ● 모양은 모두 몇 개 있습니까?

(   )개

06 다음 그림에서 가장 많이 사용된 모양은 어느 것입니까? (   )

① ● 모양
② ▲ 모양
③ ■ 모양

07 오른쪽과 같이 두부를 잘랐을 때, 나타나는 모양은 어느 것입니까? (   )

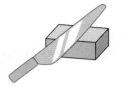

①   ② ▲   ③ ●

08 다음 그림에서 ■ 모양은 ▲ 모양보다 몇 개 더 많습니까?

(   )개

09 다음 시각에서 시계의 긴바늘이 다섯 바퀴 돌면, 짧은바늘은 어떤 수를 가리키겠습니까?

(   )

10 오른쪽 그림은 어떤 모양의 일부분을 나타낸 그림입니다. 알맞은 모양은 어느 것입니까? (   )

① ■ 모양   ② ▲ 모양   ③ ● 모양

11 다음의 물건에서 뾰족한 부분이 **4**군데이고, 곧은 선도 **4**개인 모양의 물건은 모두 몇 개입니까?

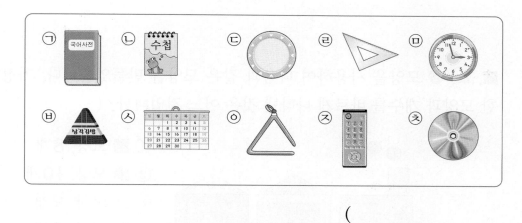

(   )개

12 위 **11**번 그림에서 뾰족한 부분과 반듯한 선이 모두 없는 모양의 물건은 모두 몇 개입니까?

(   )개

교과서 응용 과정

13 색종이를 다음과 같이 **3**번 접은 다음 펼쳐서 접힌 선을 따라 자르면, ▲ 모양이 몇 개 생깁니까?

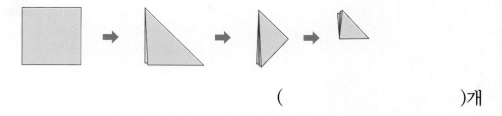

(   )개

14 오른쪽 그림에서 찾을 수 있는 크고 작은 △ 모양은 몇 개입니까?

( )개

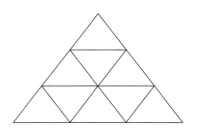

15 ■, △, ● 모양을 사용하여 다음과 같은 모양을 만들었습니다. 가장 많이 사용한 모양과 개수를 바르게 나타낸 것은 어느 것입니까? ( )

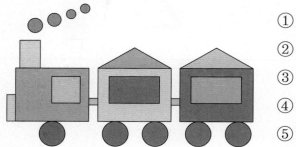

① ■ 모양, **8**개
② ■ 모양, **10**개
③ △ 모양, **9**개
④ ● 모양, **8**개
⑤ ● 모양, **9**개

16 색종이로 오른쪽과 같은 모양을 꾸몄습니다. 가장 많이 사용한 모양은 가장 적게 사용한 모양보다 몇 개 더 많습니까?

( )개

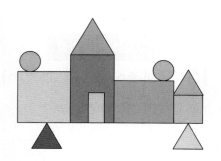

17 크기가 같은 면봉을 사용하여 오른쪽과 같이 △ 모양을 **8**개 만들려고 합니다. 면봉은 모두 몇 개 필요합니까?

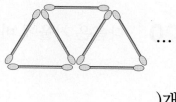

(   )개

18 유승이가 가지고 있는 ■, △, ● 모양으로 다음과 같은 모양을 꾸몄더니 ■ 모양이 **1**개, △ 모양이 **3**개, ● 모양이 **2**개 남았습니다. 유승이가 처음에 가지고 있던 ■, △, ● 모양 중 가장 많은 모양은 몇 개입니까?

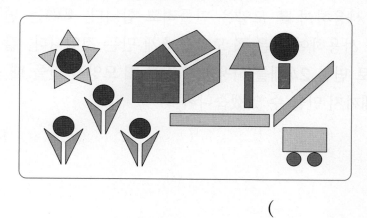

(   )개

19 **2**시 **30**분을 가리키고 있는 시계가 있습니다. 긴바늘이 다섯 바퀴 반을 돌면 짧은바늘이 가리키는 숫자는 무엇입니까?

(   )

20 다음은 거울에 비친 시계의 모양입니다. □ 안에 알맞은 수는 무엇입니까?

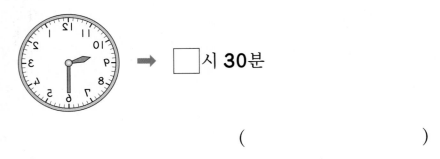 ➡ □시 **30분**

( )

교과서 심화 과정

21 면봉을 사용하여 ■ 모양을 만들려고 합니다. 보기는 면봉 **12**개를 사용하여 작은 ■ 모양을 **4**개 만든 것입니다. 같은 방법으로 면봉 **24**개를 사용하여 작은 ■ 모양을 만들 때 최대 몇 개까지 만들 수 있겠습니까?

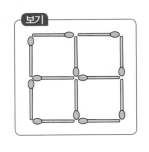

( )개

22 유승이네 집의 안방 시계는 정확한 시각보다 **2**시간이 빠르고, 거실 시계는 정확한 시각보다 **1**시간이 늦습니다. 안방 시계의 시각이 다음과 같을 때, 거실 시계는 몇 시를 나타내고 있습니까?

안방 시계

( )시

23 오른쪽 그림에서 찾을 수 있는 크고 작은 ■ 모양은 모두 몇 개입니까?

(   )개

24 ■, ▲, ● 모양의 붙임 딱지가 모두 합하여 10장이 있습니다. 붙임 딱지의 뾰족한 곳을 세어 보니 18군데가 있다면 ● 모양의 붙임 딱지는 몇 장 있습니까?

(   )장

25 보기와 같이 3개의 점을 선으로 연결하여 ▲ 모양을 만들려고 합니다. 점 5개 중에서 점 3개를 선으로 연결하여 만들 수 있는 ▲ 모양은 모두 몇 개입니까?

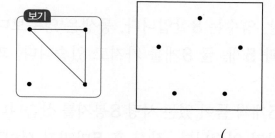

(   )개

교과서 기본 과정

01 그림을 보고 □ 안에 알맞은 수를 구하시오.

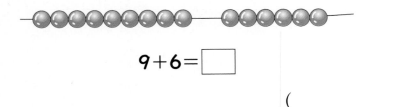

$$9+6=\boxed{}$$

(   )

02 다음을 □를 사용하여 식으로 나타낼 때, 알맞은 것은 어느 것입니까?

(   )

> 운동장에 비둘기가 **7**마리 있습니다. 잠시 후 몇 마리가 더 날아와서 모두 **13**마리가 되었습니다.

① 7+13=□   ② 7+□=13   ③ 13−□=7

④ 7−□=13   ⑤ □−7=13

03 식을 보고 문제를 바르게 만든 것은 어느 것입니까? (   )

> 5+8

① 동생은 **5**살, 영수는 **8**살입니다. 동생은 영수보다 몇 살 더 적습니까?

② 영희는 사과 **5**개, 귤 **8**개를 가지고 있습니다. 과일을 모두 몇 개 가지고 있습니까?

③ 성은이는 **5**개씩 들어 있는 사탕 **8**봉지를 샀습니다. 사탕은 모두 몇 개입니까?

④ 참새가 **8**마리 있습니다. 잠시 후 **5**마리가 날아갔습니다. 몇 마리가 남았습니까?

⑤ 지수는 초콜릿 **8**개를 가지고 있다가 **5**개를 먹었습니다. 남은 초콜릿은 몇 개입니까?

04 1부터 9까지의 수 중에서 가장 큰 홀수와 가장 큰 짝수의 합은 얼마입니까?

(   )

05 바이올린과 가야금은 줄을 이용해서 소리를 내는 악기입니다. 바이올린의 줄은 4개이고 가야금의 줄은 12개입니다. 가야금의 줄은 바이올린의 줄보다 몇 개 더 많습니까?

(   )개

06 다음 식에서 □ 안에 알맞은 수가 <u>다른</u> 하나는 어느 것입니까? (   )

① $\square + 9 = 10$ ② $9 + \square = 10$ ③ $10 - 9 = \square$
④ $10 - \square = 9$ ⑤ $10 - \square = 7$

07 계산 결과가 가장 작은 것은 어느 것입니까? (   )

① $15 - 8$ ② $17 - 9$ ③ $13 - 4$
④ $13 - 7$ ⑤ $12 - 5$

08 뺄셈식을 보고 덧셈식을 만들려고 합니다. □ 안에 알맞은 수를 구하시오.

$$15-7=8 \quad \Rightarrow \quad 7+8=\square$$

(   )

09 사과 **13**개를 두 개의 바구니에 나누어 담았습니다. 한 바구니에 **6**개를 담았다면, 다른 바구니에는 몇 개를 담았습니까?

(   )개

10 다음은 하나의 수를 두 수로 가르기 한 것입니다. □ 안에 들어갈 수가 가장 큰 것은 어느 것입니까? (   )

①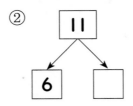
②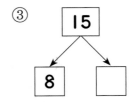
③

④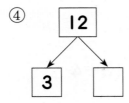
⑤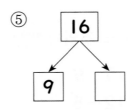

11 1부터 9까지의 숫자 중에서 □ 안에 들어갈 수 있는 숫자는 모두 몇 개입니까?

$$6+9<1\square$$

(   )개

12 같은 문자는 같은 수를 나타냅니다. ㉯에 알맞은 수를 구하시오.

$$13-6=㉮, \quad ㉮+9=㉯$$

(   )

13 어떤 수에서 6을 빼야 하는데 잘못하여 6을 더했더니 13이 되었습니다. 바르게 계산하면 얼마입니까?

(   )

14 □ 안에 알맞은 수는 얼마입니까?

$$\cdot 15 - \bigstar + \bullet = 17$$
$$\cdot 14 - 3 - \bullet = 4$$
$$\cdot \bigstar + \bullet = \boxed{}$$

(   )

15 다음은 16－9를 계산하는 과정입니다. □ 안에 알맞은 수는 어떤 수입니까?

16에서 9를 빼는 것은 16에서 □을 먼저 빼고 나서 3을 빼는 것과 같습니다.

(   )

16 수 카드 4장이 있습니다. 두 장씩 뽑아 두 수의 합이 10보다 큰 수를 만들 때 모두 몇 개를 만들 수 있습니까?

| 2 | 5 | 7 | 9 |

(   )개

17 각 줄에 있는 세 수의 합은 **15**입니다. ㉮에 알맞은 수는 어떤 수입니까?

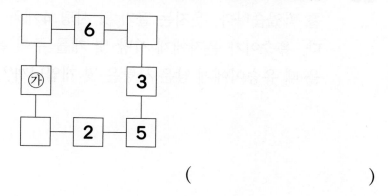

(   )

18 어떤 두 수의 합이 **13**이고 차는 **5**입니다. 두 수 중에서 작은 수는 얼마입니까?

(   )

19 ㉮에서 **8**을 더하고 다시 **6**을 빼면 **9**가 됩니다. ㉮에 알맞은 수를 구하시오.

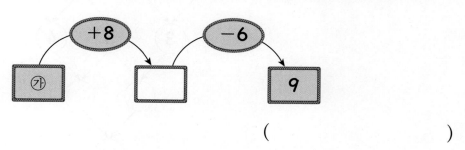

(   )

20 유승이는 딸기 맛 사탕 **8**개와 포도맛 사탕 **9**개를 가지고 있었는데 그중에서 **2**개를 먹었습니다. 은지는 딸기 맛 사탕 **4**개와 포도 맛 사탕 **3**개를 가지고 있습니다. 유승이가 은지에게 사탕 몇 개를 주어 은지의 사탕이 **10**개가 되도록 하였을 때 유승이에게 남은 사탕은 몇 개입니까?

(   )개

21 유승이는 **12**−**7**을 다음과 같이 생각하였습니다. □ 안에 알맞은 수는 얼마입니까?

> **12**에서 **7**을 빼는 대신에, **12**에 **3**을 더하고 □를 빼어 계산하면 되는구나!

(   )

22 다음은 어떤 규칙에 따라 수를 늘어놓은 것입니다. ㉮에 알맞은 수는 얼마입니까?

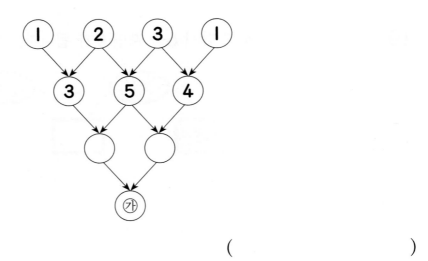

(   )

23 3부터 12까지의 수를 한 번씩만 사용하여 3개의 덧셈식을 완성하려고 합니다. 10, 11, 12는 이미 사용하였으므로 나머지 수를 가지고 덧셈식을 완성할 때, 사용할 수 <u>없는</u> 수는 어떤 수입니까?

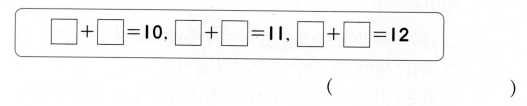

(   )

24 유승, 수빈, 은지가 먹은 사탕 수를 더하면 16개입니다. 은지는 수빈이보다 3개 더 많이 먹었고, 유승이는 수빈이보다 2개 더 적게 먹었습니다. 유승이가 먹은 사탕은 몇 개입니까?

(   )개

25 ㉠, ㉡, ㉢, ㉣은 1부터 9까지의 수 중 서로 다른 수입니다. 다음 식을 만족하는 ㉢과 ㉣의 합을 구하시오.

$$㉠+㉡+㉢=11 \qquad ㉠+㉡+㉣=19$$

(   )

교과서 기본 과정

01 민수와 재민이가 마라톤 경기를 보면서 나눈 대화입니다. 잘못 읽은 수는 어느 것입니까? (   )

① 민수 : 재민아, 육십오 번 선수가 우리나라 선수랬지?

② 재민 : 맞아, 저 선수야. 열여덟 살이래.

③ 민수 : 어린 나이에 대단하다. 지금 앞에서 세 번째에 있어.

④ 재민 : 그리고 앞에서 일곱 번째 있는 선수도 우리 나라 선수래.

⑤ 민수 : 여든일 번 선수 말이구나. 힘내게 응원하자!

02 다음 수보다 9 작은 수는 얼마입니까?

마흔다섯

(   )

03 1부터 9까지의 숫자 중에서 □ 안에 들어갈 수 있는 숫자는 모두 몇 개입니까?

$\square 4 > 52$

(   )개

04 그림과 같이 바둑돌이 놓여 있습니다. 놓인 바둑돌이 10개가 되게 하려면 바둑돌을 몇 개 더 놓아야 합니까?

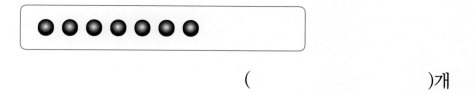

( )개

05 위와 아래의 수의 합이 10이 되도록 빈칸에 알맞은 수를 넣으려고 합니다. 가보다 1 큰 수는 얼마입니까?

1			7	가	6	
	5			2		4

( )

06 1부터 7까지의 숫자를 한 번씩만 사용해서 한 줄에 놓인 세 수의 합이 10이 되도록 숫자를 써넣으려고 합니다. ㉠에 알맞은 수는 얼마입니까?

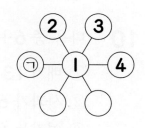

( )

07 오른쪽과 같은 종이를 점선을 따라 잘랐을 때, ▲ 모양은 모두 몇 개 생깁니까?

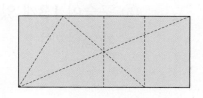

( )개

08 오른쪽 그림에서 같은 모양끼리 같은 색을 칠하려고
합니다. 모두 몇 가지의 색이 필요합니까?

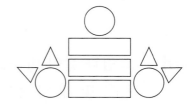

(   )가지

09 다음은 유승이가 독서를 시작했을 때의 시각을 나타낸 것입니다. 유승이가 1시
간 30분 동안 독서를 했다면, 독서를 끝낸 시각은 몇 시입니까?

(   )시

10 다음 중 6+13으로 나타낼 수 있는 것은 어느 것입니까? (   )

① 배가 13개 있었습니다. 이 중에서 6개를 먹었습니다. 남은 배는 몇 개입니까?

② 사과가 6개, 배가 13개 있습니다. 사과와 배는 모두 몇 개입니까?

③ 여자는 6명, 남자는 13명 있습니다. 남자는 여자보다 몇 명 더 많습니까?

④ 쟁반 위에 사과가 6개 있었습니다. 이 쟁반 위에 사과 몇 개를 더 놓았더니
13개가 되었습니다. 더 놓은 사과는 몇 개입니까?

⑤ 구슬이 13개 있었습니다. 이 중에서 6개를 잃어버렸습니다. 남은 구슬은 몇
개입니까?

11 14를 위와 아래의 두 수로 가르기 하였습니다. 빈곳에 알맞은 수들의 합을 구하시오.

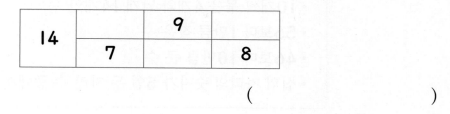

		9	
14	7		8

(   )

12 □ 안에 알맞은 수를 구하시오.

$$6+8=\boxed{}+5$$

(   )

교과서 응용 과정

13 1부터 9까지의 숫자 중 □ 안에 들어갈 수 있는 숫자를 모두 찾아 합을 구하시오.

$$72<\boxed{}1$$

(   )

14 보기의 수 중 가장 큰 수를 찾아 쓰시오.

> 보기
> • 10개씩 묶음 4개와 낱개 14개인 수
> • 56보다 1만큼 작은 수
> • 46보다 10만큼 큰 수
> • 십의 자리의 숫자가 5인 두 자리 수 중에서 세 번째로 큰 수

(   )

15 주머니에 구슬이 10개 들어 있습니다. 500원짜리 동전을 던져서 앞면이 나올 때마다 구슬을 2개씩 주머니에 넣고, 뒷면이 나올 때마다 1개씩 주머니에서 빼기로 하였습니다. 동전을 10번 던져서 앞면이 6번 나왔다면 주머니에 남은 구슬은 몇 개입니까?

(   )개

16 □ 안에 알맞은 수는 얼마입니까? (단, 같은 모양은 같은 수를 나타냅니다.)

$$8 + \bullet = 10 \qquad 10 - \blacktriangle = 5 \qquad \bullet + \blacktriangle = \Box$$

(   )

17 동현이는 ● 모양 **10**장, ▲ 모양 **11**장, ■ 모양 **12**장
을 가지고 있습니다. 오른쪽의 모양을 만들었을 때
가장 많이 남은 모양은 가장 적게 남은 모양보다 몇
장 더 많습니까?

(   )장

18 오른쪽 그림에서 찾을 수 있는 크고 작은 ▲ 모양은 모두 몇 개입
니까?

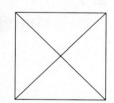

(   )개

19 □ 안에 알맞은 수를 구하시오.

$$7+★-▲=11$$
$$13-5-▲=4$$
$$★+▲=\boxed{}$$

(   )

20 다음 수 중에서 서로 다른 **3**개의 수를 한 번씩 사용하여 더하려고 합니다. **12**가 되게 하는 방법은 모두 몇 가지입니까? (단, **3**개의 수를 더하는 순서를 다르게 하는 경우는 한 가지 방법으로 봅니다.)

$$1, \quad 2, \quad 3, \quad 4, \quad 5, \quad 6, \quad 7, \quad 8, \quad 9$$

(   )가지

교과서 심화 과정

21 **1**부터 **9**까지의 숫자 중에서 □ 안에 공통으로 들어갈 수 있는 숫자를 모두 더하면 얼마입니까?

$$85 > \boxed{}8 \qquad 4\boxed{} < 46$$

(   )

22 승기네 반 학생 **24**명이 좋아하는 과목을 조사하였더니 다음과 같았습니다. 국어와 수학을 모두 좋아하는 학생은 몇 명입니까?

- 국어를 좋아하는 학생은 **10**명이고, 수학을 좋아하는 학생은 **13**명입니다.
- 국어도 수학도 좋아하지 않는 학생은 **8**명입니다.

(   )명

23 규칙에 따라 모양을 **48**번째까지 늘어놓았을 때, △ 모양은 몇 개 놓입니까?

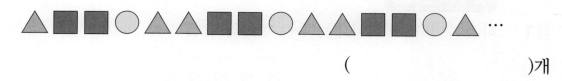

(   )개

24 △ 안에 들어갈 수 있는 수는 **1**부터 **9**까지의 수입니다. 이때, □ 안에 들어갈 수 있는 수 중 가장 큰 수는 어떤 수입니까?

$$13 - \triangle - \square > 5$$

(   )

25 다음 그림에서 찾을 수 있는 크고 작은 ■ 모양은 모두 몇 개입니까?

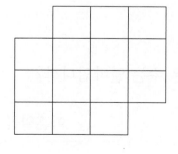

(   )개

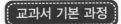

KMA 실전 모의고사 ❷회

01 다음 수 모형이 나타내는 수는 얼마입니까?

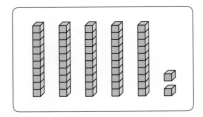

(   )

02 다음은 규칙에 따라 수를 늘어놓은 것입니다. □ 안에 알맞은 수는 얼마입니까?

| 57 | 58 | 59 | | 61 |

(   )

03 다음 수보다 **10** 작은 수는 얼마입니까?

아흔일곱

(   )

04 다음 중 계산 결과가 10이 되는 것은 어느 것입니까? (   )

① 5+4   ② 7+0   ③ 8+2
④ 6+1   ⑤ 4+2

05 다음 중 계산 결과가 가장 큰 것은 어느 것입니까? (   )

① 5+2   ② 10-3   ③ 9-1
④ 4+6   ⑤ 7-2

06 다음은 두 수로 가르기 한 것입니다. ㉮+㉯는 얼마입니까?

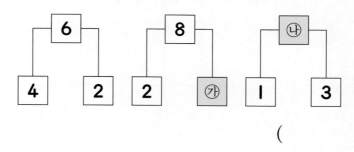

(   )

07 ● 모양의 물건은 모두 몇 개입니까?

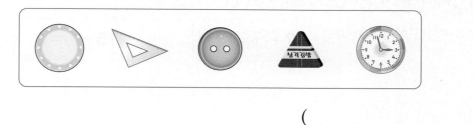

(   )개

08 다음 그림에서 △ 모양은 모두 몇 개 있습니까?

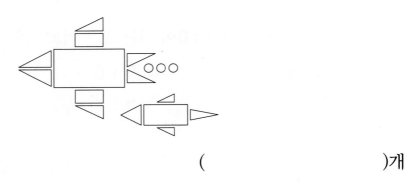

(   )개

09 그림과 같은 종이를 점선을 따라 잘랐을 때, ■ 모양은 △ 모양보다 몇 개 더 많습니까?

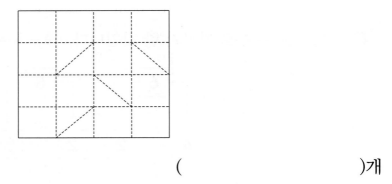

(   )개

10 ㉠과 ㉡에 알맞은 수의 합을 구하시오.

$$7 + ㉠ = 12 \qquad 15 - ㉡ = 6$$

(   )

11 다음에서 ○에 알맞은 수는 어떤 수입니까?

> $9+\square=17$이면 $\square=○-△$입니다.
> 그러므로 $\square=8$입니다.

(   )

12 은지는 구슬 15개를 동생과 나누어 가지려고 합니다. 은지가 동생보다 3개를 더 많이 가지려고 한다면 은지는 몇 개를 가져야 합니까?

(   )개

교과서 응용 과정

13 다음과 같은 4장의 숫자 카드가 있습니다. 서로 다른 2장을 골라 만들 수 있는 수 중에서 43보다 크고 76보다 작은 수는 모두 몇 개입니까?

| 3 | 4 | 6 | 7 |

(   )개

14 대화에서 수를 <u>잘못</u> 이야기 한 것은 어느 것입니까? (   )

① 희윤 : 지수야, 오늘 할머니의 <u>예순네 번째</u> 생신인 거 알아?

② 지수 : 그래? 깜박했네. 내 생일에서 <u>오십이일</u>이 지난 날이란 건 알았는데.

③ 희윤 : 파티가 <u>여섯</u> 시니까 지금이라도 빨리 선물 준비해.

④ 지수 : 너는 장미꽃을 <u>육십네송이</u> 산 거야? 난 할머니께서 좋아하시는 초콜 릿을 사야겠다.

⑤ 희윤 : 응. 문방구에서부터 <u>세 번째</u> 건물이 디저트 가게니까 거기 가봐.

15 ♥=3일 때, ♠는 얼마입니까? (단, 같은 모양은 같은 수를 나타냅니다.)

$$♥ + ♥ = ■$$
$$■ + ♥ = ●$$
$$● + ■ - 4 = ♠$$

(   )

16 다음 조건을 모두 만족하는 ㄱ과 ㄴ으로 두 자리 수를 만들 때, $\boxed{ㄱ}\boxed{ㄴ}$ 은 무엇입니까?

조건
- ㄱ + ㄴ = 10
- ㄱ - ㄴ = 4

(   )

17 □시 **30**분을 가리키고 있는 시계를 거울에 비추었더니 다음 그림과 같았습니다. □ 안에 알맞은 수는 무엇입니까?

(   )

18 주어진 점 종이에 △ 모양을 그리려고 합니다. 뾰족한 곳이 모두 점에 놓이도록 그릴 때 서로 다른 △ 모양은 모두 몇 가지 그릴 수 있습니까? (단, 뒤집거나 돌렸을 때 모양과 크기가 같으면 한 가지 경우로 생각합니다.)

(   )가지

19 유승이는 어떤 수에서 **8**을 빼야 하는데 잘못하여 더하였더니 **16**이 되었습니다. 바르게 계산하면 얼마입니까?

(   )

20 다음 설명에 공통으로 알맞은 수를 모두 찾아 합을 구하시오.

> • 어떤 수는 **2**보다 크고 **8**보다 작은 수입니다.
> • 어떤 수는 **4**보다 크고 **9**보다 작습니다.

(   )

교과서 심화 과정

21 컴퓨터 자판으로 **1**부터 **100**까지의 수를 치려고 합니다. 자판의 **2**는 모두 몇 번 눌러야 합니까?

(   )번

22 냉장고에 사과, 배, 감이 있습니다. 사과와 배를 모으면 **5**개이고, 배와 감을 모으면 **8**개입니다. 사과, 배, 감을 모으면 **10**개일 때, 사과와 감을 모으면 몇 개입니까?

(   )개

23 그림에서 찾을 수 있는 크고 작은 ■ 모양은 모두 몇 개입니까?

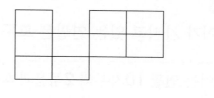

(   )개

24 주머니 속에 들어 있는 세 장의 수 카드와 +, − 카드를 모두 사용하여 보기와 같이 계산식을 만들려고 합니다. 이때 계산값이 가장 큰 수와 가장 작은 수의 차는 얼마입니까?

(   )

25 띠 종이를 그림과 같이 반으로 두 번 접은 후, 마지막에 점선을 따라 그림처럼 가위로 잘랐습니다. 잘려진 모양이 △ 모양인 것은 모두 몇 개입니까?

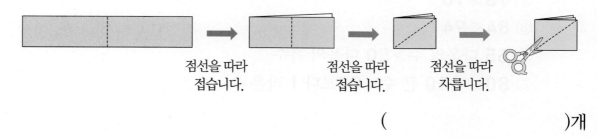

점선을 따라 접습니다.   점선을 따라 접습니다.   점선을 따라 자릅니다.

(   )개

교과서 기본 과정

01 다음에서 영철이가 가지고 있는 연필은 모두 몇 자루입니까?

> 영철이는 연필 10자루씩 2묶음과 4자루를 가지고 있습니다.

(   )자루

02 다음 중에서 가장 큰 수는 얼마입니까?

> 81, 69, 48, 90

(   )

03 두 수의 크기를 잘못 비교한 것은 어느 것입니까? (   )

① 64 > 54

② 73 > 70

③ 84 < 94

④ 55 다음의 수 > 50 다음의 홀수

⑤ 80보다 10 큰 수 < 90보다 1 작은 수

04 집 모양을 만드는 데 수수깡 **10**개가 필요합니다. 웅이는 수수깡 **4**개를 가지고 있습니다. 웅이가 집 모양을 만들려면 수수깡 몇 개가 더 있어야 합니까?

( )개

05 마주 보는 두 수의 합이 **10**이 되도록 빈 곳에 알맞은 수를 넣으려고 합니다. ㉠과 ㉡의 합은 얼마입니까?

( )

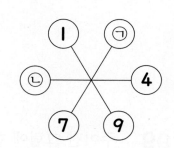

06 다음은 우리 마을 학생들이 좋아하는 과일을 조사한 것입니다. 사과를 좋아하는 학생은 복숭아를 좋아하는 학생보다 몇 명 더 많습니까?

과일	포도	사과	귤	배	복숭아	참외
학생 수(명)	3	10	5	2	6	3

( )명

07 뾰족한 부분이 한 군데도 없는 모양은 어느 것입니까? ( )

①   ②   ③

08 6시 30분을 나타내는 시계는 어느 것입니까? (   )

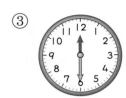

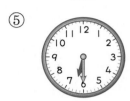

09 주어진 그림에 한 점을 더하여 ■ 모양을 그릴 때, 알맞지 <u>않은</u> 점은 어느 것입니까?

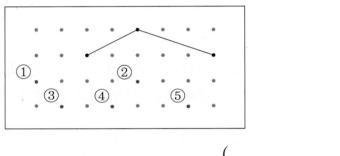

(   )

10 다음 중 계산 결과가 13인 것은 어느 것입니까? (   )

① 6+8   ② 7+5   ③ 9+4

④ 7+7   ⑤ 9+5

11 다음 계산 과정에서 □ 안에 알맞은 수는 무엇입니까?

$$8+5=8+\boxed{}+3$$

(   )

12 다음 계산에서 ㉮에 알맞은 수는 얼마입니까?

$$16-9=16-6-㉮$$

(   )

교과서 응용 과정

13 1부터 9까지의 숫자 중 □ 안에 들어갈 수 있는 숫자들의 합은 얼마입니까?

$$56>\boxed{}8$$

(   )

14 ㉮에 알맞은 수를 구하시오.

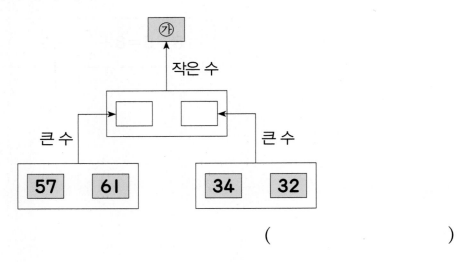

(   )

15 1부터 연속되는 **4**개의 홀수가 있습니다. **4**개의 홀수의 합은 얼마입니까?

| 1 | 3 | 5 | 7 |

(   )

16 □ 안에 알맞은 수는 얼마입니까?

$$2+4+8=3+\boxed{}+4$$

(   )

17   그림에서 찾을 수 있는 크고 작은 ☐ 모양은 모두 몇 개입니까?

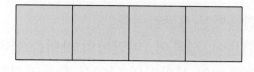

(   )개

18   규칙에 따라 ☐ 안에 알맞은 모양을 그려 넣었을 때, 그림에서 ● 모양은 모두 몇 개가 되겠습니까?

(   )개

19   ☐ 안에 알맞은 수를 구하시오.

$$8+7-9=4+\boxed{}-1$$

(   )

20 어린이들의 나이에 대한 설명입니다. 미연이는 사랑이보다 몇 살 더 많습니까?

> • 한울이는 **3**살입니다.
> • 한울이, 영훈이, 미연이의 나이를 합하면 **13**살입니다.
> • 영훈이와 사랑이의 나이를 합하면 **9**살입니다.
> • 사랑이는 영훈이보다 **1**살 많습니다.

(   )살

교과서 심화 과정

21 다음 두 조건에 맞는 수는 모두 몇 개입니까?

> • 두 자리 수입니다.
> • 십의 자리 숫자와 일의 자리 숫자의 합이 **9**가 됩니다.

(   )개

22 4, 5, 6, 7, 8의 5개의 수를 □ 안에 써넣어 한 줄에 있는 세 수의 합이 같도록 하려고 합니다. 가장 큰 세 수의 합은 얼마입니까?

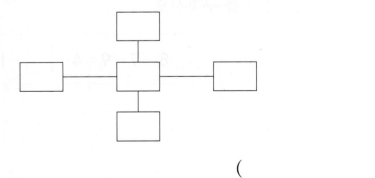

(   )

23 ■, ▲, ● 모양을 다음과 같은 규칙에 따라 한 줄로 **63**개를 늘어놓으려고 합니다. 동그라미 모양은 모두 몇 개 필요합니까?

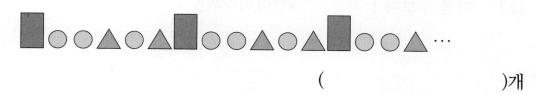

(   )개

24 규칙에 따라 수를 넣을 때 ㉠에 들어갈 수는 무엇입니까?

> **규칙**
> • 빈칸에는 **1**부터 **9**까지의 수가 한 번씩 들어갑니다.
> • 각각의 가로, 세로, 대각선에 위치한 세 수의 합은 같습니다.

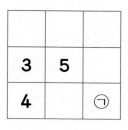

(   )

25 오른쪽 모양에서 찾을 수 있는 크고 작은 ▲ 모양은 모두 몇 개입니까?

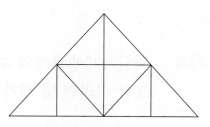

(   )개

교과서 기본 과정

01 다음 수보다 l 작은 수는 얼마입니까?

> 아흔여섯

(   )

02 다음 중 가장 큰 수는 얼마입니까?

| 49 | 80 | 78 | 52 | 67 |

(   )

03 빈 곳에 알맞은 수는 얼마입니까?

55 ← l 작은 수 ◯ l 큰 수 → 57

(   )

04 과일가게에 **8**개의 수박이 있었는데 **5**개를 팔았습니다. 다시 수박을 l**0**개가 되도록 하려면 몇 개가 더 있어야 합니까?

(   )개

05 다음 중 두 수를 모아 **10**이 되는 것은 몇 개입니까?

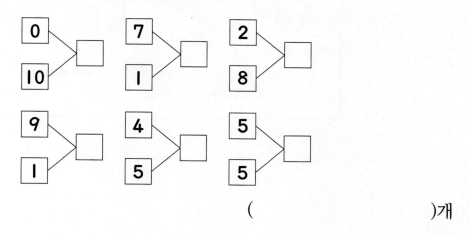

(   )개

06 영민이와 주호의 나이를 더하면 승우의 나이와 같습니다. 영민이가 **4**살이고, 승우가 **10**살일 때, 주호는 몇 살입니까?

(   )살

07 왼쪽 그림에 오른쪽과 같이 색칠하려고 합니다. 노란색을 칠해야 하는 모양은 모두 몇 개입니까?

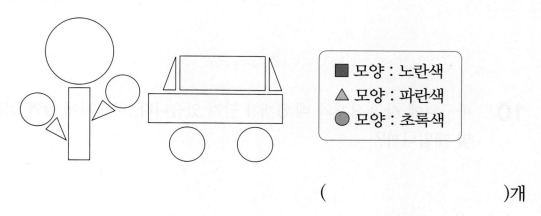

(   )개

08 ● 모양이 들어 있는 물건은 모두 몇 개입니까?

(   )개

09 다음 시계의 분침은 지금 그림과 같이 **6**을 가리키고, 시침은 **1**과 **2** 사이에 있습니다. 지금은 **1**시 몇 분입니까?

1시 [   ]분

(   )분

10 바구니에 사과 **8**개와 배 **5**개가 담겨 있습니다. 바구니에 담겨 있는 과일은 모두 몇 개입니까?

(   )개

11 수를 모으기와 가르기 한 것입니다. ㉠에 알맞은 수는 얼마입니까?

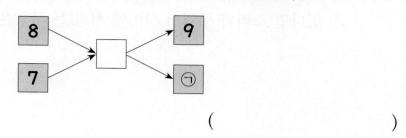

(   )

12 다음은 하나의 수를 두 수로 가르거나, 두 수를 하나의 수로 모으는 그림입니다. 가 에 알맞은 수를 구하시오.

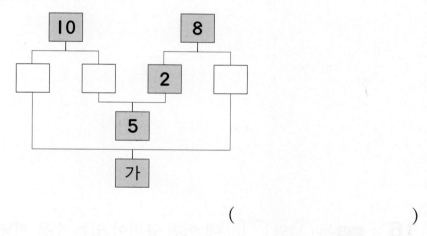

(   )

교과서 응용 과정

13 다음 중 다섯 번째로 큰 수는 얼마입니까?

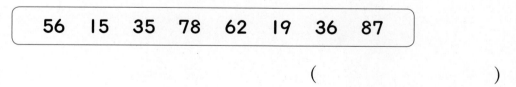

| 56 | 15 | 35 | 78 | 62 | 19 | 36 | 87 |

(   )

14 영화관 앞에 사람들이 줄을 서 있습니다. 소리는 **55**번째, 주영이는 **70**번째에 서 있다면 소리와 주영이 사이에 서 있는 사람은 모두 몇 명입니까?

( )명

15 어떤 수에서 **6**을 빼고 **3**을 더해야 할 것을 잘못하여 **3**을 빼고 **6**을 더했더니 **10**이 되었습니다. 바르게 계산하면 얼마입니까?

( )

16 보기는 ◐와 ▭에 어떤 규칙이 있는 수를 써넣은 것입니다. 이와 같은 규칙으로 수를 쓸 때, ㉡에 들어갈 두 자리 수는 무엇입니까?

( )

17 다음과 같은 종이를 점선을 따라 자르면 △ 모양은 모두 몇 개 생깁니까?

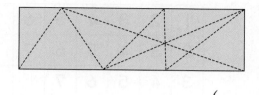

(   )개

18 다음은 규칙에 따라 모양을 늘어놓은 것입니다. □ 안에 알맞은 모양은 어느 것입니까? (   )

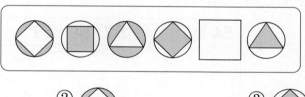

①   ②   ③

④   ⑤

19 밤 줍기를 하여 형은 15개, 동생은 7개를 주웠습니다. 형이 동생에게 몇 개의 밤을 주면 두 사람이 가진 밤의 개수가 같아지겠습니까?

(   )개

20 규칙에 따라 수를 써넣은 표입니다. ㉠과 ㉡에 알맞은 수의 차를 구하시오.

1	2	3	4	5	6	7	8
2	3	4	5	6	7		
3	4	5	6	7			
4	5	6	7	㉡			
5	6	7					㉠

(   )

> 교과서 심화 과정

21 다음 그림은 어떤 규칙에 따라 수를 늘어놓아 만든 표가 찢어져 있는 것입니다. ★에 알맞은 수는 무엇입니까?

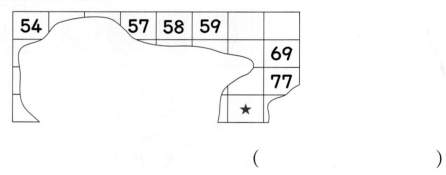

(   )

22 다음은 어떤 규칙에 따라 수를 써넣은 것입니다. ㉡ㅡ㉠은 얼마입니까?

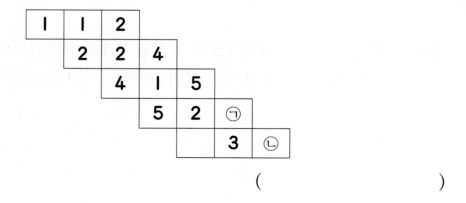

(   )

23 오른쪽 그림에서 찾을 수 있는 크고 작은 ▲ 모양은 모두
몇 개입니까?

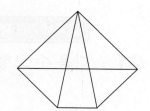

(   )개

24 보기는 어떤 규칙에 따라 수를 나열한 것입니다. 같은 규칙으로 수를 나열할 때,
㉠에 알맞은 수는 무엇입니까?

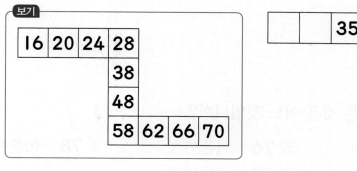

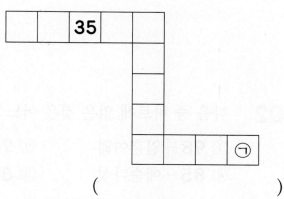

(   )

25 왼쪽의 ■ 모양과 크기가 같은 ■ 모양을 오른쪽 점판에 그린다면 모두 몇 개 그
릴 수 있습니까?

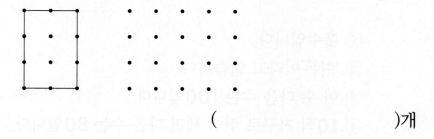

(   )개

01 다음 수 모형이 나타내는 수는 얼마입니까?

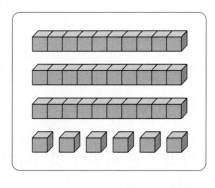

( )

02 다음 중 바르게 읽은 것은 어느 것입니까? ( )

① **98**－일흔여덟 　　② **76**－일흔여섯 　　③ **78**－아흔여덟

④ **85**－예순다섯 　　⑤ **69**－여든아홉

03 다음 수에 대한 설명으로 올바른 것은 어느 것입니까? ( )

$$\begin{array}{cc} 9 & 0 \\ ㉠ & ㉡ \end{array}$$

① 홀수입니다.

② '여든'이라고 읽습니다.

③ 이 수 다음 수는 **100**입니다.

④ **10**씩 거꾸로 뛰어 세면 다음 수는 **80**입니다.

⑤ ㉠의 자리가 **1** 커지는 수와 ㉡의 자리가 **1** 커지는 수는 같습니다.

04 보기는 규칙에 따라 수를 써넣은 것입니다. ㉠+㉡은 얼마입니까?

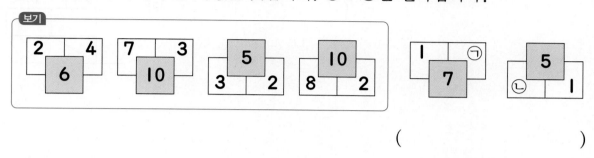

(   )

05 ㉠에 들어갈 수가 ㉡에 들어갈 수보다 **1** 큽니다. ㉢에 들어갈 수는 어떤 수입니까?

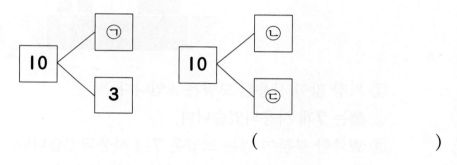

(   )

06 어떤 수에 **3**을 더해야 하는데 잘못하여 **뺐**더니 **4**가 되었습니다. 바르게 계산하면 얼마입니까?

(   )

07 오른쪽과 같은 종이를 점선을 따라 자르면 ▲ 모양이 몇 개 생깁니까?

(   )개

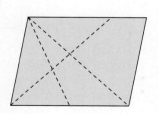

08 오른쪽 그림을 선을 따라 가위로 잘랐을 때, ▲ 모양은
■ 모양보다 몇 개 더 많습니까?

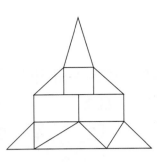

(   )개

09 다음 그림에 대한 설명 중 틀린 것은 어느 것입니까? (   )

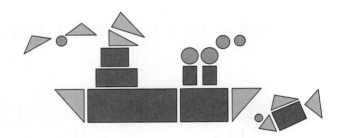

① 가장 많이 사용된 모양은 ▲입니다.
② ■는 7개 사용되었습니다.
③ 뾰족한 부분이 없는 모양은 7개 사용되었습니다.
④ 가장 많이 사용된 모양과 가장 적게 사용된 모양의 개수의 차는 3개입니다.
⑤ 뾰족한 부분이 3개 있는 모양은 9개 사용되었습니다.

10 다음에서 □ 안에 들어갈 알맞은 수는 어떤 수입니까?

> 12−7은 12에서 10을 빼고 □을 더한 것과 같습니다.

(   )

11 가영이는 식빵 **18**조각을 가지고 있었습니다. 그중에서 언니에게 **6**조각, 동생에게 **7**조각을 주었습니다. 가영이에게 남은 식빵은 몇 조각입니까?

( )조각

12 다음에서 ▲가 **3**이고, ●가 **17**일 때 ★은 얼마입니까?

$$\blacktriangle + \blacktriangle + \bigstar + \bigstar + \blacktriangle = \bullet$$

( )

교과서 응용 과정

13 다음은 민근이네 모둠의 줄넘기 횟수를 나타낸 것입니다. 지영이가 두 번째로 많이 하였다면, ㉠에 들어갈 수 있는 숫자는 모두 몇 개입니까?

줄넘기 횟수

이름	민근	윤호	지영	향숙	철민
줄넘기 횟수(번)	69	74	7㉠	72	79

( )개

14 다음 수 중에서 가장 작은 수는 어느 것입니까? (   )

① 아흔셋보다 **I** 큰 수

② **10**이 **7**개, **I**이 **9**개인 수

③ 일흔아홉보다 **I** 작은 수

④ **10**개씩 **7**묶음과 낱개가 **7**인 수

⑤ 십의 자리의 숫자가 **8**이고, 일의 자리의 숫자가 **0**인 수

15 ㉮에서 **3**을 빼고 **7**을 더하면 **9**가 됩니다. ㉮에 알맞은 수를 구하시오.

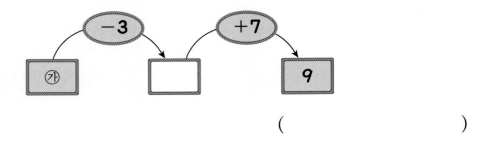

(   )

16 친구들과 처음 뽑은 카드에 적힌 수를 맞추는 놀이를 하고 있습니다. 민수, 지은, 영호가 처음 뽑은 카드에 적힌 수의 합은 얼마입니까?

> **민수** : 내가 처음 뽑은 카드의 수에 **3**을 더하고, **6**을 빼면 **5**가 나와.
> **지은** : 내가 처음 뽑은 카드의 수에서 **I**을 빼고, **8**을 더하면 **14**가 나와.
> **영호** : 내가 처음 뽑은 카드의 수에 **3**을 더하고, **5**를 더하면 **10**이 나와.

(   )

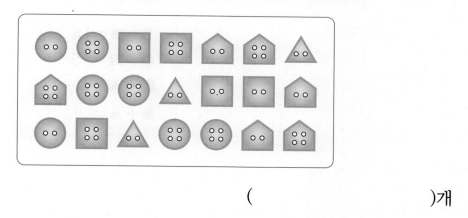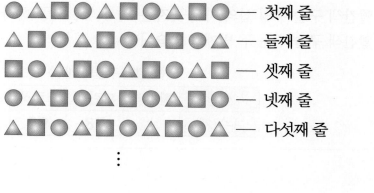

17 다음은 영수가 모은 단추를 늘어놓은 것입니다. ● 모양이면서 구멍이 **4**개인 단추와 ■ 모양이면서 구멍이 **2**개인 단추를 모으면 모두 몇 개입니까?

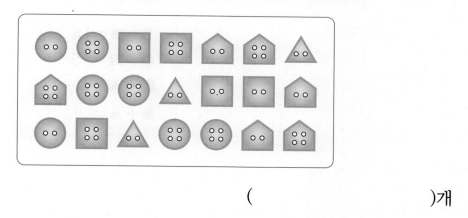

( )개

18 다음과 같은 규칙으로 일곱째 줄까지 놓을 때, ● 는 △ 보다 몇 개 더 많이 놓이겠습니까?

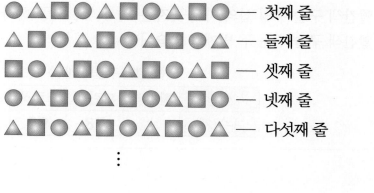

( )개

19 다음 식에서 ㉮는 ㉯보다 **4** 작은 수입니다. ㉯는 얼마입니까?

$$17 - ㉮ - ㉯ = 5$$

( )

20 다음 그림에서 같은 모양은 같은 수를 나타냅니다. 가 에 알맞은 수는 어떤 수입니까?

$$5 + \bullet = 14$$
$$\bullet + \blacksquare = 15$$
$$\blacksquare - \blacktriangle = 4$$
$$\bullet + \blacktriangle = \boxed{가}$$

(   )

교과서 심화 과정

21 유승이네 모둠은 구슬놀이를 하기 위해 구슬을 모았습니다. 모은 구슬을 색깔별로 구분하였더니 다음 설명과 같았다면 빨간색 구슬은 모두 몇 개입니까?

- 빨간색 구슬 수는 홀수입니다.
- 빨간색 구슬 수의 십의 자리 숫자는 **2, 4, 6, 8** 중 하나입니다.
- 빨간색 구슬 수는 두 번째로 많습니다.

〈색깔별 구슬의 개수〉

색깔	빨간색	파란색	노란색	초록색
개수(개)		78	95	87

(   )개

22 성호는 흰색 바둑돌 **4**개와 검은색 바둑돌 **6**개를 가지고 있었습니다. 그중에서 **2**개를 잃어 버렸습니다. 민수는 흰색 바둑돌 **5**개와 검은색 바둑돌 **2**개를 가지고 있습니다. 성호가 바둑돌 몇 개를 민수에게 주면 민수가 가진 바둑돌이 **10**개가 되었다면 성호에게 남은 바둑돌은 몇 개입니까?

(   )개

23 오른쪽 그림에서 찾을 수 있는 크고 작은 △ 모양은 모두 몇 개입니까?

(   )개

24 오른쪽 보기는 **1**부터 **6**까지의 수를 한 번씩 사용하여 ⬚에 있는 네 수의 합이 서로 같게 채운 것입니다. 이와 같은 방법으로 **1**부터 **8**까지의 수를 한 번씩 사용하여 빈 곳을 채울 때 ㉮에 알맞은 수를 구하시오.

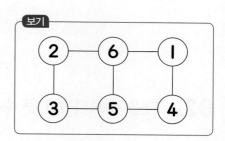

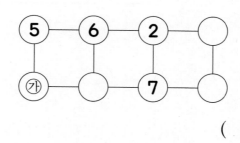

(   )

25 오른쪽과 같이 줄을 맞춰 위에 세 개, 아래에 세 개의 못을 박았습니다. 고무줄을 끼워서 뾰족한 부분이 **3**개인 모양을 만들 때 만들 수 있는 방법은 모두 몇 가지입니까?

(   )가지

교과서 기본 과정

01 다음 중 바르게 읽은 것은 어느 것입니까? (   )

① **87** – 팔십육   ② **96** – 아흔일곱   ③ **58** – 쉰다섯

④ **73** – 여든셋   ⑤ **68** – 예순여덟

02 다음 수보다 **10** 큰 수는 얼마입니까?

여든일곱

(   )

03 **0**부터 **9**까지의 숫자 중 조건의 □ 안에 공통으로 들어갈 수 있는 숫자는 무엇입니까?

조건

$55 > 5\square$ $62 < 6\square$ $4\square < 44$

(   )

04 주머니에 구슬 몇 개가 들어 있었습니다. 이 주머니에 구슬 **2**개를 더 넣었더니 **10**개가 되었습니다. 주머니에 있던 구슬은 몇 개입니까?

(   )개

05 동민이는 구슬을 가지고 있었습니다. 형에게 **6**개, 한초에게 **3**개를 주었더니 **5**개가 남았습니다. 동민이가 처음에 가지고 있던 구슬은 몇 개입니까?

(   )개

06 사탕 **10**개를 동생과 나누어 가지려고 합니다. 내가 동생보다 **2**개 더 많이 가지려고 한다면 동생은 몇 개를 가지면 됩니까?

(   )개

07 다음 그림에서 ▲ 모양은 모두 몇 개입니까?

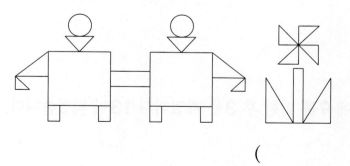

(   )개

08 다음 그림에서 찾을 수 있는 크고 작은 ■ 모양은 모두 몇 개입니까?

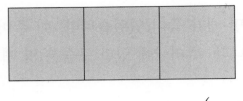

(   )개

09 다음 그림에 대한 설명 중 옳지 <u>않은</u> 것은 어느 것입니까? (   )

① 가장 적게 사용한 모양은 ■입니다.
② 두 번째로 많이 사용한 모양은 ●입니다.
③ 뾰족한 부분이 있는 모양은 **12**개입니다.
④ 반듯한 선이 없는 모양은 **6**개입니다.
⑤ 뾰족한 부분이 **3**개 있는 모양이 가장 많이 사용되었습니다.

10 어떤 수에 **9**를 더한 후 **3**을 뺐더니 **13**이 되었습니다. 어떤 수는 얼마입니까?

(   )

11 다음은 유승이의 일기입니다. 유승이가 오늘까지 받은 붙임 딱지는 모두 몇 장입니까?

> **11월 16일 목요일   날씨 : 맑음**
>
> 학교에서 발표를 잘하여 어제까지 내가 받은 붙임 딱지는 4장씩 2묶음이었다.
>
> 그런데 오늘도 발표를 잘하여 붙임 딱지를 7장을 더 받았다.
>
> 내일도 발표를 잘해서 붙임 딱지를 또 받아야지.

(   )장

12 □ 안에 들어갈 수 있는 수 중 가장 큰 수를 구하시오.

$$15 - \square + 7 > 12$$

(   )

교과서 응용 과정

13 다음은 규칙에 따라 수를 늘어놓은 것입니다. ☆에 알맞은 수는 얼마입니까?

$$36 - 39 - 42 - \square - \square - 51 - ☆ - 57$$

(   )

14 56보다 크고 77보다 작은 수는 모두 몇 개입니까?

(   )개

15 민수는 어떤 수 ■에서 2와 3을 차례대로 빼어야 할 것을 잘못하여 더했더니 12가 되었고, 시훈이는 어떤 수 ▲에 3과 5를 더해야 하는데 3을 8로 잘못 보고 계산하여 15가 나왔습니다. 민수와 시훈이가 바르게 계산한 값을 각각 ㉠, ㉡이라고 할 때 ㉠＋㉡의 값을 구하시오.

(   )

16 오른쪽은 일정한 규칙에 따라 ○ 안에 수를 써넣은 것입니다. 이와 같은 규칙으로 다음의 ○를 채워갈 때 ㉮＋㉯－㉰는 얼마입니까?

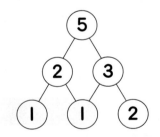

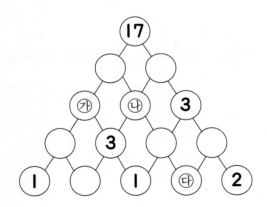

(   )

17 오른쪽 그림에서 찾을 수 있는 크고 작은 △ 모양은 모두 몇 개 입니까?

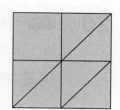

(   )개

18 지영이가 일어난 시각에서 긴바늘이 **2**바퀴 돌았더니 다음과 같은 시각이 되었습니다. 지영이가 일어난 시각은 몇 시입니까?

(   )시

19 다음 식에서 같은 모양은 같은 수를 나타냅니다. ▲에 알맞은 수를 구하시오.

> · ■+■=16
> · ●+●+●=18
> · ■+●+▲=17

(   )

20 보기에서 ㄱ은 ㄴ, ㄷ의 합이고 ㄹ은 ㅁ, ㅂ, ㅅ의 합입니다. 다음에서 ┌┈┐안에 있는 **5**개의 수들의 합은 얼마입니까?

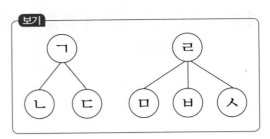

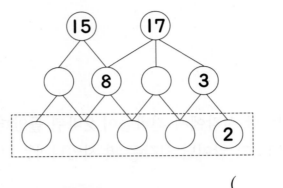

(   )

보기 교과서 심화 과정

21 **10**개씩 묶음 **2**개와 낱개 **3**개인 수보다 크고 **10**개씩 묶음 **5**개와 낱개 **15**개인 수보다 작은 수 중에서 숫자 **3**이 들어가는 수는 모두 몇 개입니까?

(   )개

22 ○ 안에 **1, 2, 3, 4, 5**를 한 번씩 써넣어 각 줄에 있는 세 수의 합을 같게 하려고 합니다. 합이 가장 큰 경우의 세 수의 합을 ■, 합이 가장 작은 경우의 세 수의 합을 ▲라고 할 때 ■＋▲는 얼마입니까?

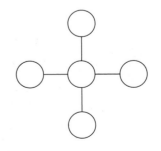

(   )

23 다음과 같은 방법으로 작은 ■ 모양을 10개 만들려고 합니다. 성냥개비는 모두 몇 개 있어야 합니까?

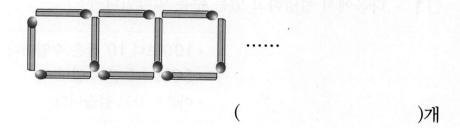

(   )개

24 어느 과일 가게에서 손님들이 수박, 포도, 참외를 다음과 같이 사갔습니다. 수박만 산 사람과 참외만 산 사람의 합을 구하시오.

- 수박을 산 사람은 16명입니다.
- 포도를 산 사람은 9명입니다.
- 참외를 산 사람은 14명입니다.
- 수박과 포도를 같이 산 사람은 3명입니다.
- 포도와 참외를 같이 산 사람은 2명입니다.
- 수박과 참외를 같이 산 사람은 4명입니다.
- 수박, 포도, 참외를 모두 산 사람은 없습니다.

(   )명

25 오른쪽 그림에서 찾을 수 있는 크고 작은 △ 모양은 모두 몇 개입니까?

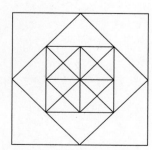

(   )개

교과서 기본 과정

01 다음에서 설명하고 있는 수는 얼마입니까?

> • 100보다 10 작은 수입니다.
> • 89보다 1 큰 수입니다.
> • 아흔이라고 읽습니다.

(   )

02 다음 중 가장 큰 수는 얼마입니까?

> 29   70   88   58

(   )

03 다음은 두 자리 수의 크기를 비교한 것입니다. □ 안에 들어갈 수 있는 숫자는 모두 몇 개입니까?

> □3 > 65

(   )개

04 500원짜리 동전 10개를 던졌을 때 그림 면이 나온 동전은 6개였습니다. 숫자 면이 나온 동전은 몇 개입니까?

(   )개

05 체육 시간에 과녁 맞히기 놀이를 했습니다. 더 많은 점수를 얻은 학생의 점수를 구하시오.

> 유승 : 나는 1회에는 **7**점, **2**회에는 **5**점, **3**회에는 **3**점을 맞혔어.
> 한솔 : 나는 1회에는 **4**점, **2**회에는 **5**점, **3**회에도 **5**점을 맞혔어.

(   )점

06 예슬이네 집에는 위인전 **6**권, 동화책 **8**권, 과학책 **4**권이 있습니다. 예슬이는 집에 있는 책 중에서 위인전 **3**권, 동화책 **6**권을 읽었습니다. 예슬이가 읽지 않은 책은 몇 권입니까?

(   )권

07 색종이를 점선을 따라 자르면 ▲ 모양이 몇 개 생깁니까?

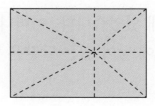

(   )개

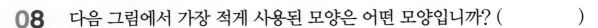
08 다음 그림에서 가장 적게 사용된 모양은 어떤 모양입니까? (   )

① ● 모양   ② △ 모양   ③ ■ 모양

09 다음 중 고장 난 시계는 어느 것입니까? (   )

①    ②    ③

④    ⑤

10 냉장고에 달걀이 **14**개 있었습니다. 어머니께서 음식을 하는 데 달걀 **6**개를 사용하였습니다. 냉장고에 남아 있는 달걀은 몇 개입니까?

(   )개

11 ●에 알맞은 수를 구하시오.

$$\cdot 4+9=\blacksquare \qquad \cdot \blacksquare -6=\blacktriangle \qquad \cdot \blacktriangle +\bullet =16$$

(   )

12 사탕 15개를 형과 동생이 나누어 가지려고 합니다. 형이 동생보다 3개를 더 가지려고 할 때, 형은 몇 개의 사탕을 가져야 합니까?

(   )개

교과서 응용 과정

13 다음 중 가장 큰 수는 어느 것입니까? (   )

① 십 모형 4개와 낱개 2개인 수
② 십 모형 6개와 낱개 5개인 수
③ 십 모형 5개와 낱개 21개인 수
④ 십 모형 3개와 낱개 25개인 수
⑤ 십 모형 1개와 낱개 32개인 수

14 1부터 8까지의 숫자가 적힌 카드를 네 명의 친구가 두 장씩 나누어 가지고 다음과 같이 몇십몇을 만들었습니다. 가장 큰 수부터 등수를 매겼을 때 친구들의 대화를 보고 상희가 만든 수를 구하시오.

이름	원섭	윤정	시온	상희
만든 수	85	4□	□7	□1

> 시온 : 나는 아쉽게 **2**등이네.
> 윤정 : 내 등수는 낱개의 수와 같아.

(   )

15 어떤 수에 **6**을 더하고 **3**을 뺀 후 또 **4**를 빼면 **2**가 됩니다. 어떤 수는 얼마입니까?

(   )

16 1부터 10까지의 수를 한 번씩만 사용하여 **3**개의 덧셈식을 완성하려고 합니다. **9**, **5**, **10**은 이미 사용하였으므로 나머지 수를 가지고 덧셈식을 완성할 때, 사용할 수 없는 수는 무엇입니까?

$$□ + □ = 9$$
$$□ + □ = 5$$
$$□ + □ = 10$$

(   )

17 오른쪽 그림에서 가장 많이 사용된 모양의 개수와 가장 적게 사용된 모양의 개수의 차는 몇 개입니까?

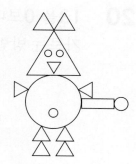

(   )개

18 오른쪽 그림과 같이 점이 **4**개 있습니다. 점 **3**개를 선으로 연결하여 △ 모양을 만들 수 있는 방법은 모두 몇 가지입니까?

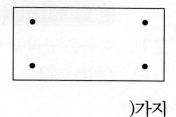

(   )가지

19 다음 식에서 같은 모양은 같은 수를 나타냅니다. ★이 나타내는 수는 얼마입니까?

- ● + ● = 14
- ● + ▲ = 16
- ▲ − ■ = ●
- ■ + ★ = ▲ + 4

(   )

20 13을 0보다 큰 세 수로 가르고, 그중 두 수는 같게 하려고 합니다. 이와 같이 가르는 방법에는 모두 몇 가지 있습니까?

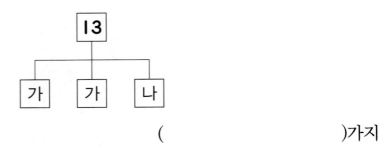

(   )가지

교과서 심화 과정

21 다음은 규칙에 따라 수들을 늘어놓은 것입니다. 색칠한 부분에 들어갈 수는 무엇입니까?

			77			92	93
					86		94
				82		90	95
					88		96

(   )

22 오른쪽 □ 안에 1부터 9까지의 수를 한 번씩 써넣어 → 방향, ↓ 방향, ↘ 방향, ↗ 방향의 세 수의 합이 모두 같도록 하려고 합니다. 이때 ㉮에 알맞은 수를 구하시오.

8		
	5	
4	㉮	

(   )

23 오른쪽 그림에서 찾을 수 있는 크고 작은 △ 모양은 모두 몇 개입니까?

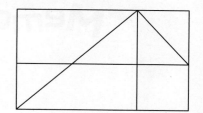

(   )개

24 □ 안에는 **1**부터 **9**까지의 수가 한 번씩 들어갑니다. ○ 안의 수가 그 줄에 놓인 세 수의 합이라고 할 때, ㉠에 알맞은 수를 구하시오.

(   )

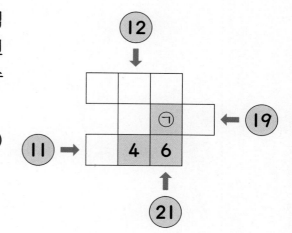

25 유승이와 한솔이는 과녁 맞히기 게임을 하였습니다. **3**회까지 점수의 합이 같은 경우 점수 차이가 날 때까지 번갈아 가면서 화살을 던지기로 하였습니다. **5**회까지 과녁 맞히기를 한 결과 유승이가 **2**점 차이로 승리하였을 때, 다음의 점수표를 보고 ㉠, ㉡, ㉢, ㉣의 합을 구하시오.

	1회	2회	3회	4회	5회
유승	5	6	4	㉢	3
한솔	6	㉠	㉡	5	㉣

(   )

Memo

KMA

Korean Mathematics Ability Evaluation

한국수학학력평가

하반기 대비

정답과 풀이

초 **1** 학년

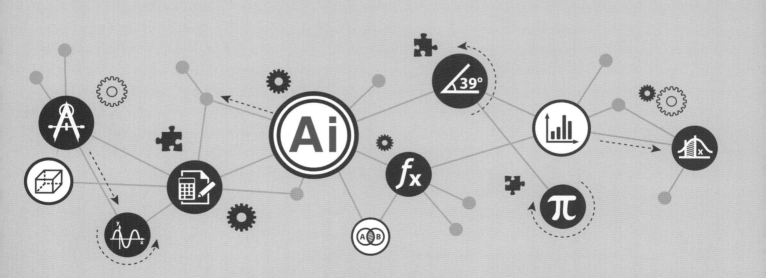

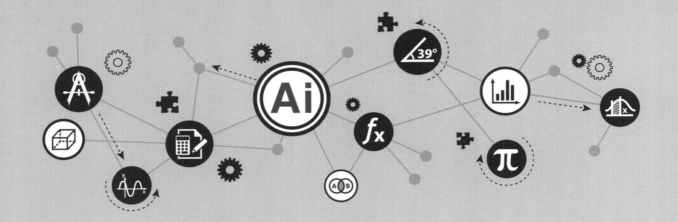

KMA

Korean Mathematics Ability Evaluation

한국수학학력평가

정답과 풀이

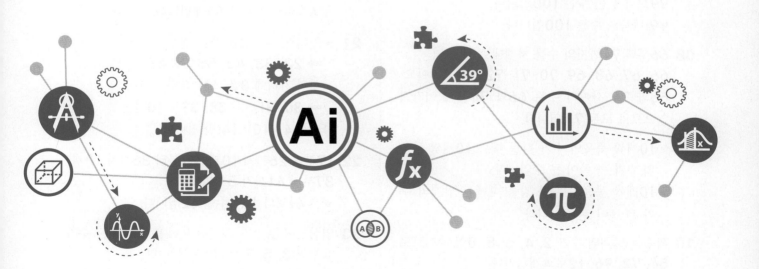

KMA 단원 평가

① 100까지의 수
8~15쪽

01 ③	02 8	03 75
04 ④	05 100	06 89
07 100	08 7	09 ④
10 4	11 3	12 76
13 84	14 77	15 7
16 7	17 95	18 ③
19 86	20 84	21 14
22 42	23 12	24 62
25 4		

02 80장은 10장씩 묶음이 8개입니다.

04 ① 76 – 칠십육 – 일흔여섯
② 82 – 팔십이 – 여든둘
③ 94 – 구십사 – 아흔넷
⑤ 67 – 육십칠 – 예순일곱

05 오른쪽으로 갈수록 1씩 커지는 규칙입니다.
95 – 96 – 97 – 98 – 99 – 100

06 ★보다 1 큰 수가 90이므로 ★은 90보다 1 작은 수입니다.
따라서 90보다 1 작은 수는 90 바로 앞에 세어지는 수이므로 89입니다.

07 90보다 10 큰 수는 100입니다.
99보다 1 큰 수는 100입니다.
99 다음의 수는 100입니다.

08 66부터 74까지의 수를 차례대로 써 보면
66, 67, 68, 69, 70, 71, 72, 73, 74이고
66과 74 사이의 수는 66과 74는 들어가지 않으므로 모두 7개입니다.

09 • 10개씩 묶음의 수가 다를 때는 10개씩 묶음의 수가 큰 쪽이 큰 수입니다.
• 10개씩 묶음의 수가 같을 때에는 낱개의 수가 큰 쪽이 큰 수입니다.

10 짝수는 낱개의 수가 2, 4, 6, 8, 0인 수이므로
54, 72, 96, 12로 4개입니다.

11 낱개의 수가 같으므로 □ 안에는 6보다 큰 7, 8, 9가 들어갈 수 있습니다.

12 70보다 크고 80보다 작은 수는 71, 72, ……, 78, 79입니다. 그중에서 10개씩 묶음의 수가 낱개의 수보다 1 큰 수는 76입니다.

13 60부터 4씩 커지는 규칙입니다.

14 색종이가 10장씩 8묶음이면 80장입니다.
80 – 79 – 78 – 77이므로
80장에서 3장을 빼면 77장입니다.

15 20보다 크고 35보다 작은 홀수는 21, 23, 25, 27, 29, 31, 33으로 7개입니다.

16 17보다 크고 85보다 작은 수 중 낱개의 수가 3인 수는 23, 33, 43, 53, 63, 73, 83으로 7개입니다.

17 ㉠ 88 ㉡ 95 ㉢ 87

18 상연 : 70보다 크고 75보다 작은 수는 71, 72, 73, 74입니다.
예슬 : 78과 85 사이에 있는 수는 79, 80, 81, 82, 83, 84로 6개입니다.

19 작은 눈금 한 칸의 크기는 2이므로 ㉠이 나타내는 수는 80에서 2씩 3번 뛰어 센 86입니다.

20 5개씩 4봉지는 10개씩 2봉지와 같고 낱개 14개는 10개씩 1봉지와 낱개 4개와 같습니다.
따라서 신영이가 산 사탕은 10개씩 8봉지와 낱개 4개이므로 모두 84개입니다.

21 • 일의 자리에 3을 쓰는 경우
➡ 23, 33, 43, 53으로 4번
• 십의 자리에 3을 쓰는 경우
➡ 30, 31, …, 38, 39로 10번
따라서 4+10=14(번)입니다.

22 17부터 26까지 10개, 27부터 36까지 10개, 37부터 41까지 5개이므로
★은 41보다 1 큰 수인 42입니다.

23 몇십몇이 홀수가 되려면 낱개를 나타내는 수가 홀수인 3, 5, 9가 되어야 합니다.
43, 53, 83, 93 : 4개

35, 45, 85, 95 : 4개
39, 49, 59, 89 : 4개
➡ 4+4+4=12(개)

24 10개씩 묶음의 수를 □, 낱개의 수를 △라고
하면
(□, △) ➡ (1, 7), (2, 6), (3, 5), (4, 4),
(5, 3), (6, 2), (7, 1), (8, 0)
이 중에서 10개씩 묶음 수가 낱개의 수보다 **4**
큰 것은 (6, 2)이므로 **62**입니다.

25 유승이의 수학 점수로 가능한 수는 90, 92,
94, 96으로 모두 **4**가지입니다.

❷ 덧셈과 뺄셈(1)　　16~23쪽

01 8	02 2	03 4
04 6	05 10	06 3
07 14	08 ②	09 2
10 ④	11 ⑤	12 3
13 ⑤	14 14	15 7
16 12	17 9	18 7
19 9	20 8	21 4
22 4	23 2	24 5
25 8		

01 5+1+2=6+2=8

02 9−4−3=5−3=2(개)

03 1+4+□=9에서 5+□=9이므로
□ 안에 알맞은 수는 4입니다.

04 □+4=10에서 □=10−4=6입니다.

05 8+2=10(개)

06 10−7=3(개)

07 4+7+3=4+10=14(개)

08 ① 9−4−1=4
② 3+2+8=13
③ 4+2+2=8
④ 10−3−1=6

⑤ 4+2+6=12
따라서 계산 결과가 홀수인 것은 ②입니다.

09 10−3−5=7−5=2(자루)

10 ① 6 ② 5 ③ 2 ④ 7 ⑤ 4

11 ①, ②, ③, ④의 계산 결과는 17이고
⑤의 계산 결과는 18입니다.

12 1+□+6=10에서 7+□=10이므로
□=10−7=3입니다.

13 ① 13, ② 12, ③ 8, ④ 18, ⑤ 7
따라서 계산 결과가 가장 작은 것은 ⑤입니다.

14 규형이가 바나나 4개, 키위 3개를 먹고 남은
과일은 바나나 2개, 사과 8개, 키위 4개입니다.
따라서 남은 과일은 모두 2+8+4=14(개)
입니다.

15 세 수의 합이 15가 되는 경우는
3+5+7=15이므로
세 수 중 가장 큰 수는 7입니다.

16 유승이의 카드에 적힌 수는
□+4−7=3에서 □=6,
한솔이의 카드에 적힌 수는
□−3+7=8에서 □=4,
근희의 카드에 적힌 수는
□+5+8=15에서 □=2입니다.
➡ 6+4+2=12

17 ㉮+8=10에서 ㉮=2,
10−㉯=3에서 ㉯=7
따라서 ㉮+㉯=2+7=9입니다.

18

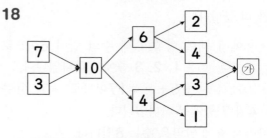

따라서 ㉮=4+3=7입니다.

19 10은 4와 6으로 가를 수 있으므로 ㉠은 6입
니다.

㉠+㉡=**7**에서 **6**+㉡=**7**이므로
㉡=**7**−**6**=**1**입니다.
1과 **9**를 모으면 **10**이 되므로 ㉢은 **9**입니다.

20 두 장씩 짝을 지어 **10**이 되는 수를 알아봅니다.
1+**9**=**10**, **8**+**2**=**10**, **6**+**4**=**10**이고 짝
을 짓고 남은 수 카드는 **3**과 **5**이므로
3+**5**=**8**입니다.

21 □ 안에 들어갈 수 있는 수 중 가장 큰 수는 **9**,
가장 작은 수는 **5**이므로 두 수의 차는
9−**5**=**4**입니다.

22 ㉮는 **3**보다 큰 수이므로 **4**, **5**, **6**, **7**, …… 중
에 하나입니다.
㉯는 **4**보다 큰 수이므로 **5**, **6**, **7**, **8**, …… 중
에 하나입니다.
㉮+㉯=**10**이고 ㉮, ㉯는 서로 다른 수이므
로 ㉮+㉯=**4**+**6**=**10**에서 ㉮는 **4**입니다.

23

규칙을 알아보면
㉯+㉰=㉮+㉱=**10**입니다.

따라서 빈 곳에 알맞은 수는 **8**+㉰=**10**에서
㉰=**2**입니다.

24 홀수 : **1**　**3**　**5**　**7**　**9**
　　　　 :　 :　 :　 :
짝수 : **2**　**4**　**6**　**8**

짝지어진 두 수에서 짝수가 홀수보다 **1**씩 크므
로 **1**부터 **8**까지의 수 중 짝수의 합이 홀수의 합
보다 **4**가 큽니다.
그런데 마지막 **9**는 홀수이므로 **1**부터 **9**까지의
수 중 홀수의 합이 짝수의 합보다 **9**−**4**=**5**만
큼 더 큽니다.

25 • ②에서 세로 방향의 세 수의 합이 **6**이므로
㉠, ㉡, ㉢은 **1**, **2**, **3** 중에서 하나입니다.
• ①에서 ㉣+**6**+㉤=**17**이므로 ㉣과 ㉤은
4와 **7** 중에서 하나입니다.
따라서 ★에 알맞은 수는 **8**입니다.

---

③ 모양과 시각　　　　　　24~31쪽

01 3	**02** ②	**03** ④
04 ③	**05** 6	**06** ②
07 ①	**08** 3	**09** 2
10 ③	**11** 4	**12** 3
13 8	**14** 13	**15** ②
16 3	**17** 17	**18** 15
19 8	**20** 9	**21** 9
22 12	**23** 18	**24** 5
25 10		

02 **3**개의 점을 곧게 이으면 ▲ 모양이 됩니다.

03 ①, ②, ③, ⑤는 ■ 모양입니다.
④는 ▲ 모양입니다.

04 ① **11**시 **30**분, ② **6**시, ③ **12**시 **30**분,
④ **3**시, ⑤ **12**시 **15**분

05 ● 모양은 **6**개 있습니다.

06 ■ 모양 **2**개, ▲ 모양 **4**개, ● 모양 **1**개가 사용
되었습니다.

08 ■ 모양은 **5**개, ▲ 모양은 **2**개가 있습니다.
따라서 ■ 모양은 ▲ 모양보다 **5**−**2**=**3**(개)
더 많습니다.

09 긴바늘이 한 바퀴 돌 때마다 짧은바늘은 숫자
눈금 **1**칸씩 움직입니다.
긴바늘이 **5**바퀴 돌면 짧은바늘은 **2**를 가리킵
니다.

11 뾰족한 부분이 **4**군데이고, 반듯한 선도 **4**개인
모양은 ■ 모양입니다.
■ 모양인 물건은 ㉠, ㉡, ㉥, ㉢으로 **4**개입니다.

12 뾰족한 부분과 반듯한 선이 모두 없는 것은
● 모양입니다.
● 모양인 물건은 ㉢, ㉤, ㉦으로 **3**개입니다.

13
→ **8**개

14
△ : **9**개,　△ : **3**개,

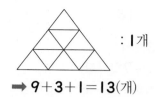 : 1개

➡ 9+3+1=13(개)

15 사용한 개수는 ■ 모양은 10개, ▲ 모양은 2개,
● 모양은 9개이므로 가장 많이 사용한 모양과
개수는 ②입니다.

16 ■ 모양 : 5개, ▲ 모양 : 4개, ● 모양 : 2개
따라서 가장 많이 사용한 모양은 가장 적게 사
용한 모양보다 5-2=3(개) 더 많습니다.

17 면봉으로 직접 만들어 보면 다음과 같습니다.

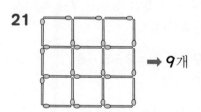 ➡ 17개

18 사용한 ■ 모양은 9개, ▲ 모양은 12개, ● 모
양은 7개이므로 처음에 가지고 있던 ■ 모양은
9+1=10(개), ▲ 모양은 12+3=15(개),
● 모양은 7+2=9(개)입니다.

19 2시 30분에서 긴바늘이 5바퀴 돌면 7시 30
분이 되고, 긴바늘이 반 바퀴를 더 돌면 8시입
니다.

20 거울에 비친 짧은바늘이 9와 10 사이에 있고,
긴바늘이 6을 가리키고 있으므로 9시 30분입
니다.

21

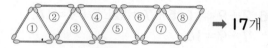 ➡ 9개

22 안방 시계는 3시를 가리키고 있으므로 정확한
시각은 1시입니다.
거실 시계는 1시간이 늦으므로 12시를 나타내
고 있습니다.

23 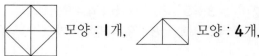 모양 : 4개,   모양 : 4개,

모양 : 1개,   모양 : 4개,

 모양 : 4개,   모양 : 1개

➡ 4+4+1+4+4+1=18(개)

24 · ■ 모양이 1장일 때 ▲ 모양의 붙임 딱지에
서 뾰족한 곳이 18-4=14(군데)가 있어야
하는데 불가능합니다.
· ■ 모양이 2장일 때 ▲ 모양의 붙임 딱지에
서 뾰족한 곳이 18-4-4=10(군데)가 있
어야 하는데 불가능합니다.
· ■ 모양이 3장일 때 ▲ 모양의 붙임 딱지에
서 뾰족한 곳이 18-4-4-4=6(군데)가
있어야 하므로 ▲ 모양은 2장입니다.
따라서 ■ 모양 3장, ▲ 모양 2장이므로 ● 모
양은 10-3-2=5(장)입니다.

25 3개의 점을 찾아 선으로
이으면 ▲ 모양이 됩니다.
(①, ②, ③), (①, ②, ④),
(①, ②, ⑤), (①, ③, ④),
(①, ③, ⑤), (①, ④, ⑤),
(②, ③, ④), (②, ③, ⑤),
(②, ④, ⑤), (③, ④, ⑤)
따라서 점 3개를 선으로 연결하여 만들 수 있는
▲ 모양은 모두 10개입니다.

④ 덧셈과 뺄셈(2)   32~39쪽

01 15	02 ②	03 ②
04 17	05 8	06 ⑤
07 ④	08 15	09 7
10 ④	11 4	12 16
13 1	14 12	15 6
16 4	17 5	18 4
19 7	20 12	21 10
22 17	23 9	24 3
25 10		

01 $9+6=15$

02 덧셈 상황의 문제로 처음 비둘기 **7**마리에 □마리가 날아와 **13**마리가 된 것입니다.
따라서 식을 세우면 $7+□=13$입니다.

03 ①, ④, ⑤는 뺄셈 상황으로 $8-5$의 식에 맞는 문제입니다.
③은 $5+5+5+5+5+5+5+5=40$입니다. 따라서 문제를 바르게 만든 것은 ②입니다.

04 **1**부터 **9**까지의 수 중에서 가장 큰 홀수는 **9**이고, 가장 큰 짝수는 **8**이므로 $9+8=17$입니다.

05 $12-4=8$(개)

06 ① 1, ② 1, ③ 1, ④ 1, ⑤ 3

07 ① $15-8=7$ ② $17-9=8$
③ $13-4=9$ ④ $13-7=6$
⑤ $12-5=7$

08 $7+8=15$

09 $13-6=7$(개)

10 ① $13-5=8$, ② $11-6=5$
③ $15-8=7$, ④ $12-3=9$
⑤ $16-9=7$
따라서 □ 안에 들어갈 수가 가장 큰 것은 ④입니다.

11 $6+9=5+1+9=5+10=15$이므로
□ 안에 들어갈 수 있는 숫자는 **6, 7, 8, 9**로 모두 **4**개입니다.

12 $13-6=㉮$에서 $㉮=7$,

$7+9=㉯$에서 $㉯=16$

13 (어떤 수)$+6=13$에서
(어떤 수)$=13-6=7$입니다.
따라서 바르게 계산하면 $7-6=1$입니다.

14 ・$14-3-●=4$에서 $11-●=4$이므로
  $●=7$입니다.
・$15-★+7=17$에서 $15-★=10$이므로
  $★=5$입니다.
따라서 $★+●=□$에서 $5+7=□$, $□=12$입니다.

15 $16-9=16-6-3=7$

16 $2+9=11$, $5+7=12$, $5+9=14$, $7+9=16$
따라서 모두 **4**개를 만들 수 있습니다.

17 $㉢=15-5-2=8$
$㉡=15-5-3=7$
$㉠=15-7-6=2$
$㉮=15-2-8=5$

18 두 수의 합이 **13**인 경우를 표로 만들어 두 수의 차를 구하면 다음과 같습니다.

큰 수	13	12	11	10	9
작은 수	0	1	2	3	4
두 수의 차	13	11	9	7	5

따라서 두 수의 차가 **5**인 경우는 **9**와 **4**이고, 이때 작은 수는 **4**입니다.

19 $㉮+8-6=9$에서 $㉮=9+6-8$, $㉮=15-8$, $㉮=7$

20 (은지가 유승이에게 받은 사탕의 개수)
$=10-4-3=3$(개)
(유승이에게 남은 사탕의 개수)
$=8+9-2-3=12$(개)

21 $12-7=5$, $12+3-□=5$
따라서 $□=15-5=10$입니다.

22 $㉠=3+5=8$, $㉡=5+4=9$이므로
$㉮=㉠+㉡=8+9=17$입니다.

23 3개의 덧셈식을 만드는 방법은 **2**가지가 있습니다.

① $3+7=10$, $5+6=11$, $4+8=12$

② $4+6=10$, $3+8=11$, $5+7=12$

따라서 사용할 수 없는 수는 **9**입니다.

24

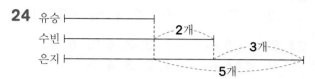

$16-5-2=9$(개)에서 **9**를 똑같이 셋으로 가르기 하면 $9=3+3+3$이므로 유승이가 먹은 사탕은 **3**개입니다.

25 · ㉠+㉡+㉢=**11**에서 ㉢이 **1**일 때

㉠+㉡=**10**이므로

㉠+㉡+㉣=**19**에서 10+㉣=19,

㉣=**9**입니다.

· ㉢=**2**일 때 ㉠+㉡+2=**11**에서

㉠+㉡=**9**이고 ㉠+㉡+㉣=**19**에서

9+㉣=19, ㉣=**10**인데 ㉣은 **1**부터 **9**까지의 수이므로 ㉢은 **2**가 될 수 없습니다.

· ㉢=**3**일 때 ㉠+㉡+3=**11**에서

㉠+㉡=**8**이고 ㉠+㉡+㉣=**19**에서

8+㉣=19, ㉣=**11**이므로 ㉢은 **3**이 될 수 없습니다.

따라서 ㉢=**1**, ㉣=**9**이므로

㉢+㉣=1+9=**10**입니다.

KMA 실전 모의고사

1 회   40~47쪽

01 ⑤	02 36	03 5
04 3	05 9	06 5
07 7	08 3	09 9
10 ②	11 18	12 9
13 17	14 57	15 18
16 7	17 5	18 8
19 12	20 7	21 15
22 7	23 19	24 6
25 69		

01 ⑤ 여든일 번 선수 → 팔십일 번 선수

02 마흔다섯은 **45**이므로 **45**보다 **9** 작은 수는 **36**입니다.

03 □ 안에 들어갈 수 있는 숫자는 **5**, **6**, **7**, **8**, **9** 이므로 모두 **5**개입니다.

04 바둑돌이 **7**개 있으므로 **10**에서 **7**을 빼면 **3**이 됩니다. 따라서 바둑돌 **3**개를 더 놓아야 합니다.

05 두 수의 합이 **10**이 되어야 하므로 가+2=**10**에서 가는 **8**입니다.

따라서 가보다 **1** 큰 수는 **9**입니다.

06 ㉠+1+4=10 ➡ ㉠+5=10 ➡ ㉠=5

07

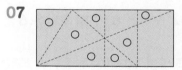

○ 한 곳이 ▲ 모양입니다.

따라서 점선을 따라 자르면 ▲ 모양은 모두 **7**개 생깁니다.

08 ● 모양 **3**개, ■ 모양 **3**개, ▲ 모양 **4**개로 만들어진 모양이므로 **3**가지 모양으로 만들어져 있습니다.

따라서 모두 **3**가지 색이 필요합니다.

09 7시 30분 $\xrightarrow{\text{1시간 후}}$ 8시 30분 $\xrightarrow{\text{30분 후}}$ 9시

10 각각을 식으로 나타내면 다음과 같습니다.

① 13−6　② 6+13　③ 13−6

④ 6+□=13　⑤ 13−6

따라서 6+13으로 나타낼 수 있는 것은 ②입니다.

11 ㉠=14−7=7, ㉡=14−9=5,

㉢=14−8=6

따라서 ㉠+㉡+㉢=7+5+6=18입니다.

12 6+8=□+5에서 14=□+5이므로

□=14−5=9입니다.

13 □1이 72보다 크려면 □ 안에 들어갈 수 있는

숫자는 8, 9입니다.

따라서 □ 안에 들어갈 수 있는 숫자들의 합은

8+9=17입니다.

14 ・10개씩 묶음 4개와 낱개 14개인 수 ➡ 54

・56보다 1 작은 수 ➡ 55

・46보다 10 큰 수 ➡ 56

・십의 자리 숫자가 5인 두 자리 수 중에서 세

번째로 큰 수 ➡ 57

15 앞면이 6번 나왔으므로 뒷면은 4번 나왔습니다.

따라서 구슬을 2+2+2+2+2+2=12(개)

넣고, 4개를 뺐으므로 남은 구슬은

10+12−4=18(개)입니다.

16 8+2=10이므로 ●=2, 10−5=5로

▲=5입니다.

따라서 ●+▲=2+5=7입니다.

17 ● 모양은 9장, ▲ 모양은 8장, ■ 모양은 6장

사용되었습니다.

남은 모양은 ● 모양이 10−9=1(장), ▲ 모양

이 11−8=3(장), ■ 모양이 12−6=6(장)

입니다.

따라서 가장 많이 남은 ■ 모양은 가장 적게 남

은 ● 모양보다 6−1=5(장) 더 많습니다.

18

따라서 찾을 수 있는 크고 작은 ▲ 모양은 모두

8개입니다.

19 13−5−▲=4이므로 ▲=4,

7+★−4=11이므로 ★=8

따라서 ★+▲=8+4=12이므로 □=12입니다.

20 (1, 2, 9), (1, 3, 8), (1, 4, 7), (1, 5, 6),

(2, 3, 7), (2, 4, 6), (3, 4, 5) ➡ 7가지

21 85>□8 ➡ □=1, 2, 3, 4, 5, 6, 7

4□<46 ➡ □=1, 2, 3, 4, 5

따라서 □ 안에 공통으로 들어갈 수 있는 숫자

를 모두 더하면 1+2+3+4+5=15입니다.

22 10+13+8−24=7(명)

23 ▲■◆●▲가 반복되는 규칙이므로 45번째까

지에는 ▲ 모양이 18개가 놓이고 46번째는 ▲,

47번째는 ■, 48번째는 ■이므로 ▲ 모양은

18+1=19(개) 놓입니다.

24 13−△−□>5이므로

△=1일 때 □는 7보다 작아야 하므로 가장

큰 수 □는 6입니다.

△=2일 때 □는 6보다 작아야 하므로 가장

큰 수 □는 5입니다.

△=3일 때 □는 5보다 작아야 하므로 가장

큰 수 □는 4입니다.

따라서 □ 안에 들어갈 수 있는 가장 큰 수는 6

입니다.

25 1칸짜리 : 14개, 2칸짜리 : 20개,

3칸짜리 : 12개, 4칸짜리 : 11개,

6칸짜리 : 8개, 8칸짜리 : 2개, 9칸짜리 : 2개

➡ 14+20+12+11+8+2+2=69(개)

②회   48~55쪽

01	52	02	60	03	87
04	③	05	④	06	10
07	3	08	10	09	4
10	14	11	17	12	9
13	7	14	④	15	11
16	73	17	3	18	4
19	0	20	18	21	20
22	7	23	25	24	6
25	5				

01 십 모형 **5**개, 낱개 모형 **2**개는 **52**를 나타냅니다.

02 **1**씩 커지는 규칙이므로 □ 안에 알맞은 수는 **60**입니다.

03 '아흔일곱', 즉 **97**보다 **10** 작은 수는 **87**입니다.

04 ① **9** ② **7** ③ **10** ④ **7** ⑤ **6**

05 ① **7** ② **7** ③ **8** ④ **10** ⑤ **5**

06 ㉮=**6**, ㉯=**4**이므로 ㉮+㉯=**10**입니다.

08 • ● 모양 : **3**개
　　• ■ 모양 : **4**개
　　• ▲ 모양 : **10**개

09 ■ 모양 : **12**개, ▲ 모양 : **8**개
　➡ **12−8=4**(개)

10 **7**+㉠=**12**에서 ㉠=**12−7=5**이고,
15−㉡=**6**에서 ㉡=**15−6=9**입니다.
따라서 ㉠+㉡=**5+9=14**입니다.

11 **9**+□=**17**을 보고 만들 수 있는 뺄셈식은
17−9=□ 또는 **17−**□=**9**입니다.
이 중 □=○−△와 같은 식은 □=**17−9**이
므로 ○에 알맞은 수는 **17**입니다.

12 은지가 먼저 **3**개를 갖고 나머지 **12**개의 반을
동생이 가져야 합니다.
12개의 반은 **6**개이므로 은지가 가져야 할 구슬
의 개수는 **3+6=9**(개)입니다.

13 **46, 47, 63, 64, 67, 73, 74 ➡ 7**개

14 상황에 따라 수를 세어 보면 장미꽃은 육십네
송이가 아닌 예순네 송이로 읽어야 합니다.

15 ■=**3+3=6**, ●=**6+3=9**,
♠=**9+6−4=11**

16 십의 자리의 숫자와 일의 자리의 숫자를 더해서
10이 되는 두 자리 수는 **19, 28, 37, 46,
55, 64, 73, 82, 91**입니다. 이 중에서
(십의 자리의 숫자)−(일의 자리의 숫자)=**4**가
되는 것은 **73**입니다.

17 짧은바늘은 **3**과 **4** 사이에 있고 긴바늘은 **6**을
가리키고 있으므로 **3**시 **30**분입니다.

18
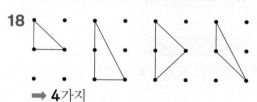
➡ **4**가지

19 어떤 수를 □라고 하면 □+**8=16**,
□=**16−8**, □=**8**입니다.
따라서 바르게 계산하면 **8−8=0**입니다.

20 •어떤 수는 **2**보다 크고 **8**보다 작은 수이므로
3, 4, 5, 6, 7입니다.
•어떤 수는 **4**보다 크고 **9**보다 작은 수이므로
5, 6, 7, 8입니다.
따라서 두 개의 조건을 모두 만족하는 어떤 수는
5, 6, 7이므로 합은 **5+6+7=18**입니다.

21 **2**가 쓰인 수는 **2, 12, 20, 21, 22, 23,
24, 25, 26, 27, 28, 29, 32, 42, 52,
62, 72, 82, 92**이고, **22**에서는 숫자 **2**를
두 번 눌러야 합니다.
따라서 자판의 숫자 **2**를 **20**번 눌러야 합니다.
다른 풀이 일의 자리에 사용된 **2**는 **2, 12, 22,
32, ……, 92 ➡ 10**번이고 십의 자리에 사용
된 **2**는 **20, 21, 22, 23, ……, 29 ➡ 10**
번입니다. 따라서 **10+10=20**(번)입니다.

22 (사과의 개수)=**10−8=2**(개)
(감의 개수)=**10−5=5**(개)
➡ (사과의 개수)+(감의 개수)
　=**2+5=7**(개)

23 Ⅰ칸짜리 : **9**개, **2**칸짜리 : **10**개,
3칸짜리 : **3**개, **4**칸짜리 : **3**개
따라서 크고 작은 ■ 모양은 모두 **25**개입니다.

24 가장 큰 계산값은 6과 4를 더한 후 가장 작은
수인 3을 빼 주면 되므로
$\boxed{6} + \boxed{4} - \boxed{3} = 7$입니다.
가장 작은 계산값은 3과 4를 더한 후 가장 큰
수인 6을 빼 주면 되므로
$\boxed{3} + \boxed{4} - \boxed{6} = 1$입니다.
따라서 $7 - 1 = 6$입니다.

25 자르는 선을 띠 종이에 그려 보면 다음과 같습
니다.

➡

따라서 잘려진 모양이 ▲ 모양인 것은 모두 **5**개
입니다.

---

③ 회 56~63쪽

01 24	**02** 90	**03** ⑤
04 6	**05** 9	**06** 4
07 ③	**08** ⑤	**09** ①
10 ③	**11** 2	**12** 3
13 10	**14** 34	**15** 16
16 7	**17** 10	**18** 5
19 3	**20** Ⅰ	**21** 9
22 19	**23** 32	**24** 2
25 17		

01 10씩 2묶음이므로 십의 자리 숫자는 **2**, 낱개
4이므로 일의 자리 숫자는 **4**입니다.
따라서 연필을 **24**자루 가지고 있습니다.

02 큰 수부터 차례로 쓰면 **90**, **81**, **69**, **48**입니다.
따라서 가장 큰 수는 **90**입니다.

03 ⑤ 80보다 10 큰 수는 '**90**', 90보다 Ⅰ 작은
수는 '**89**'이므로 80보다 10 큰 수는 90보
다 Ⅰ 작은 수보다 큽니다.

04 $10 - 4 = 6$(개)

따라서 집 모양을 만들려면 수수깡 **6**개가 더
있어야 합니다.

05 마주 보는 두 수의 합이 **10**이 되어야 하므로
㉠은 **3**, ㉡은 **6**입니다.
따라서 ㉠+㉡=$3 + 6 = 9$입니다.

06 • 사과를 좋아하는 학생 : **10**명
• 복숭아를 좋아하는 학생 : **6**명
따라서 사과를 좋아하는 학생은 복숭아를 좋아
하는 학생보다 $10 - 6 = 4$(명) 더 많습니다.

08 ① **5**시 **30**분 ② **3**시 **30**분 ③ **6**시
④ **7**시 **30**분 ⑤ **6**시 **30**분

09 ①의 점으로는 ■ 모양을 그릴 수가 없습니다.

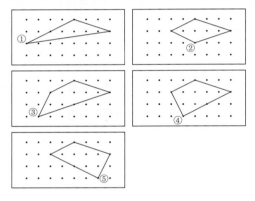

10 ① $6 + 8 = 4$, ② $7 + 5 = 12$,
③ $7 + 7 = 14$, ④ $9 + 5 = 14$

11 $8 + 5 = 13$, $8 + \square + 3 = 13$,
$\square = 13 - 3 - 8 = 2$

12 $16 - 9 = 7$, $16 - 6 - ㉮ = 7$, $10 - ㉮ = 7$,
$㉮ = 10 - 7 = 3$

13 □ 안에 들어갈 수 있는 숫자는 Ⅰ, 2, 3, 4입
니다. 따라서 $1 + 2 + 3 + 4 = 10$입니다.

14 **57**과 **61** 중에서 큰 수는 **61**이고 **34**와 **32**
중에서 큰 수는 **34**입니다.
61과 **34** 중에서 작은 수는 **34**이므로 ㉮에 알
맞은 수는 **34**입니다.

15 $1 + 3 + 5 + 7 = 16$

16 $2 + 4 + 8 = 14$이므로 $3 + \square + 4 = 14$에서
$\square = 7$입니다.

17 • 작은 ■ 모양 **1**칸짜리 : **4**개
• 작은 ■ 모양 **2**칸짜리 : **3**개
• 작은 ■ 모양 **3**칸짜리 : **2**개
• 작은 ■ 모양 **4**칸짜리 : **1**개
➡ **4**+**3**+**2**+**1**=**10**(개)

18 □ 안에 알맞은 모양을 그려 넣으면 다음과 같습니다.

○ ▲ ▢ ○ ○ ▲ ▢ ○ ○ ▲ ▢

따라서 ● 모양은 모두 **5**개가 됩니다.

19 **8**+**7**−**9**=**15**−**9**=**6**이므로
4+□−**1**=**6**입니다.
4+□−**1**=**6** ➡ **4**+□=**7** ➡ □=**3**

20 (한울)+(영훈)+(미연)=**13**(살)이고 한울이는
3살이므로 (영훈)+(미연)=**10**(살)입니다.
(영훈)+(사랑)=**9**(살)이고,
(사랑)=(영훈)+**1**(살)이므로
사랑이는 **5**살, 영훈이는 **4**살입니다.
따라서 (미연)=**10**−**4**=**6**(살)이므로 미연이
는 사랑이보다 **6**−**5**=**1**(살) 더 많습니다.

21 주어진 조건에 맞는 수는 **18**, **27**, **36**, **45**,
54, **63**, **72**, **81**, **90**으로 **9**개입니다.

22 세 수의 합이 같도록 할 때 가운데에 놓일 수
있는 수는 **4**, **6**, **8** 중 하나입니다.
이 중에서 세 수의 합이 가장 크도록 하려면 가
운데에 놓이는 수는 **8**입니다.
4+**8**+**7**=**19**, **5**+**8**+**6**=**19**
따라서 가장 큰 세 수의 합은 **19**입니다.

23 ■○○△○▲ 가 계속 반복되므로 **6**개씩

10번 반복이 되고 마지막에 **3**개가 더 놓입니다.
6개씩 반복되는 데에 동그라미가 **3**개씩 있고
10번 반복되므로 **3**+**3**+⋯+**3**=**30**(개)이고,
　　　　　　　　　　　　10번

마지막 **3**개는 ■○○ 이므로 동그라미 모양이
2개입니다. 따라서 **30**+**2**=**32**(개)입니다.

24 **1**+**2**+**3**+**4**+**5**+**6**+**7**+**8**+**9**=**45**이고
45=**15**+**15**+**15**이므로 가로, 세로, 대각선

의 세 수의 합은 **15**입니다.
따라서 ㉡=**15**−**3**−**5**=**7**,
㉢=**15**−**5**−**4**=**6**이므로
㉠=**15**−**7**−**6**=**2**입니다.

		㉢
3	5	㉡
4		㉠

25 가장 작은 ▲ 모양 △은 **8**개입니다.
가장 작은 ▲ 모양 두 개가 모인
△ 모양은 **6**개입니다.
가장 작은 ▲ 모양 네 개가 모인
△ 모양은 **2**개입니다.
가장 작은 ▲ 모양 여덟 개가 모인
△ 모양은 **1**개입니다.
따라서 ▲ 모양은 모두 **17**개입니다.

---

④ 회　　　　　　　　　　　　　64~71쪽

01 95	**02** 80	**03** 56
04 7	**05** 4	**06** 6
07 3	**08** 3	**09** 30
10 13	**11** 6	**12** 13
13 36	**14** 14	**15** 4
16 47	**17** 12	**18** ⑤
19 4	**20** 4	**21** 84
22 3	**23** 11	**24** 95
25 7		

01 아흔여섯은 **96**이라고 씁니다.
96보다 **1** 작은 수는 **95**입니다.

03 **56**보다 **1** 작은 수가 **55**이므로 빈 곳에 알맞
은 수는 **56**입니다.
또한 **56**보다 **1** 큰 수는 **57**입니다.

04 팔고 남은 수박은 **8**−**5**=**3**이므로 **3**개입니다.
다시 **10**개가 되려면 **3**+□=**10**이므로
□=**7**입니다.
즉, **7**개가 더 있어야 합니다.

05

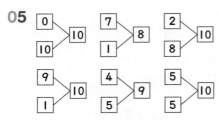

따라서 두 수를 모아 **10**이 되는 것은 **4**개입니다

06 (영민이의 나이)＋(주호의 나이)
＝(승우의 나이)
➡ 4＋□＝10입니다.
따라서 □＝6이므로 주호의 나이는 6살입니다.

07 ■ 모양 : **3**개, ▲ 모양 : **4**개, ● 모양 : **5**개
따라서 노란색을 칠해야 하는 모양은 ■ 모양
이므로 **3**개입니다.

09 긴바늘이 **6**을 가리키고 있으므로 **1**시 **30**분입
니다.

10 8＋5＝8＋2＋3＝10＋3＝13(개)

11 8＋7＝9＋㉠, 15＝9＋㉠이므로
㉠＝15－9＝6입니다.

12

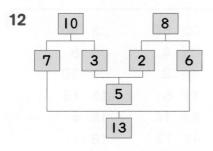

13 큰 수부터 차례로 쓰면 다음과 같습니다.
87, 78, 62, 56, 36, 35, 19, 15
따라서 다섯 번째로 큰 수는 **36**입니다.

14 소리 다음 **56**번째 사람부터 주영이 앞 **69**번
째 사람까지를 세어 보면 소리와 주영이 사이
에 서 있는 사람은 모두 **14**명입니다.

15 어떤 수를 □라고 하면 □－3＋6＝10
➡ □－3＝4 ➡ □＝7
어떤 수는 7이므로 바르게 계산하면
7－6＋3＝1＋3＝4입니다.

16 은 양쪽 수를 더하면 **10**이 되는 규칙이고,

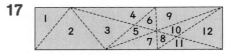은 십의 자리 숫자와 일의 자리 숫자를
서로 바꾸어 나타내는 규칙입니다. 따라서 ⑥㉠
을 규칙에 맞게 ⑥④로 써야 하며, ⑦㉠㉡에서
㉠에 **4**를 쓰고 규칙에 맞게 오른쪽 칸에 수를
쓰면 74 47 입니다. 따라서 ㉡은 **47**입니다.

17

따라서 점선을 따라 자르면 ▲ 모양은 모두 **12**개
생깁니다.

18 동그라미 모양 안에 ◇, □, △ 모양이
반복되고, 색칠한 부분은 ◇, □, △
모양의 밖, 안이 반복되고 있습니다.
따라서 □ 안에 알맞은 모양은 ⑤입니다.

19 형은 동생보다 **15**－**7**＝**8**(개)의 밤을 더 가지
고 있으므로 **8**개의 절반인 **4**개를 동생에게 주
면 두 사람이 가진 밤의 개수가 같아집니다.

20 표에서 ㉠에 알맞은 수는 **12**이고 ㉡에 알맞은
수는 **8**이므로 ㉠－㉡＝**12**－**8**＝**4**입니다.

21 오른쪽으로 **1**씩 커지고, 아래쪽으로 **8**씩 커지
는 규칙이므로 ★＝**77**＋**8**－**1**＝**84**에서
★에 알맞은 수는 **84**입니다.

22 규칙을 찾아보면 ㉮ ㉯ ㉰ 에서 ㉱
㉮＋㉯＝㉰, ㉱를 ㉯ 아래에 씁니다.
따라서 5 2 ㉠ 에서 ㉡ 3 ㉢
5＋2＝7＝㉠이 되고, ㉡＝7＋3＝10이 됩
니다. 따라서 ㉡－㉠＝10－7＝3입니다.

23 ▲ 하나로 이루어진 것이 **5**개, ▲ **2**개가 모여
이루어진 것이 **4**개, ▲와 ■가 모여 이루어진
것이 **1**개, ▲ **3**개로 이루어진 것이 **1**개 있습니다.
따라서 크고 작은 ▲ 모양은 모두 **11**개입니다.

24

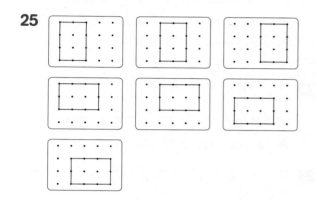

27	31	35	39	43
				53
				63
				73
	83	87	91	95

오른쪽으로 갈수록 **4**씩 커지고, 아래쪽으로 갈수록 **10**씩 커지므로 ㉠은 **95**입니다.

25

㉠=**6**이고, ㉡은 **5**를 **I**과 ㉡으로 가르기 한 것이므로 ㉡=**4**입니다. ➡ ㉠+㉡=**6**+**4**=**10**

05 **10**은 **3**과 **7**로 가를 수 있으므로 ㉠은 **7**입니다. ㉡은 ㉠보다 **I** 작은 수이므로 **6**입니다. **10**은 **6**과 **4**로 가를 수 있으므로 ㉢은 **4**입니다.

06 (어떤 수)−**3**=**4**이므로 어떤 수는 **7**입니다. 따라서 바르게 계산하면 **7**+**3**=**10**입니다.

07

▲ 모양 : ①, ②, ③, ④
■ 모양 : ⑤, ⑥

08 ▲ 모양 : **8**개, ■ 모양 : **3**개
➡ **8**−**3**=**5**
따라서 ▲ 모양이 ■ 모양보다 **5**개 더 많습니다.

09 ③ 뾰족한 부분이 없는 모양은 ●로 **6**개 사용되었습니다.

10 **12**−**7**을 다음과 같이 계산하였습니다.
12−**7**=**12**−**10**+**3**
=**2**+**3**
=**5**
따라서 □ 안에 들어갈 수는 **3**입니다.

11 **18**−**6**−**7**=**12**−**7**=**5**(조각)

12 ▲가 **3**이므로 **3**+**3**+★+★+**3**=**17**에서 **9**+★+★=**17**이고 ★+★=**17**−**9**=**8**입니다.
따라서 ★은 **8**을 똑같이 두 개로 가르기 한 수와 같으므로 ★=**4**입니다.

13 철민이가 **79**번으로 줄넘기를 가장 많이 하였습니다. 다음으로 지영이가 많이 해야 되므로 지영이는 윤호 **74**번보다는 많이 하고, 철민 **79**번보다는 적게 해야 합니다.
따라서 지영이의 줄넘기 횟수는 **75**, **76**, **77**, **78**번이 될 수 있습니다.
따라서 ㉠에 들어갈 수 있는 숫자는 **5**, **6**, **7**, **8**로 **4**개입니다.

14 ① **94** ② **79** ③ **78** ④ **77** ⑤ **80**

15 ㉮−**3**+**7**=**9**에서 ㉮−**3**=**9**−**7**=**2**이므로

---

5 회   72~79쪽

01	36	02	②	03	④
04	10	05	4	06	10
07	4	08	5	09	③
10	3	11	5	12	4
13	4	14	④	15	5
16	17	17	8	18	I
19	8	20	II	21	89
22	5	23	16	24	4
25	18				

01 **10**개씩 묶음 : **3**개, 낱개 : **6**개 ➡ **36**

03 ① 짝수입니다.
② '구십' 또는 '아흔'이라고 읽습니다.
③ 이 수 다음 수는 **91**입니다.
⑤ ㉠의 자리가 **I** 커지는 수는 **100**이고, ㉡의 자리가 **I** 커지는 수는 **91**입니다.

04 보기 의 규칙  는 두 수를 모으기,

□ 는 두 수로 가르기입니다.

따라서 ㉠은 **I**과 ㉠을 모아 **7**이 되어야 하므로

㉮－3＝2에서 ㉮＝2＋3＝5입니다.

16 민수가 처음 뽑은 카드의 수에 3을 더하고, 6을 빼면 5가 나오므로 이를 거꾸로 생각하면 민수가 처음 뽑은 카드의 수는 8입니다. 지은이가 처음 뽑은 카드의 수에서 1을 빼고, 8을 더하면 14가 나오므로 지은이가 처음 뽑은 카드의 수는 7입니다.

영호가 처음 뽑은 카드의 수에 3을 더하고, 5를 더하면 10이므로 영호가 처음 뽑은 카드의 수는 2입니다.

따라서 민수, 지은, 영호가 처음 뽑은 카드에 적힌 수의 합은 17입니다.

17 ・● 모양이면서 구멍이 4개인 단추 : 5개
・■ 모양이면서 구멍이 2개인 단추 : 3개

따라서 ● 모양이면서 구멍이 4개인 단추와 ■ 모양이면서 구멍이 2개인 단추를 모으면 모두 5＋3＝8(개)입니다.

18 ○△■○△■○△■○ － 첫째 줄
△■○△■○△■○△ － 둘째 줄
■○△■○△■○△■ － 셋째 줄
○△■○△■○△■○ － 넷째 줄
△■○△■○△■○△ － 다섯째 줄
■○△■○△■○△■ － 여섯째 줄
○△■○△■○△■○ － 일곱째 줄
⋮

●는 24개, △는 23개로 ●는 △보다 1개 더 많이 놓이게 됩니다.

19 17에서 ㉮와 ㉯를 빼면 5가 되므로 ㉮＋㉯＝17－5＝12입니다.

㉯는 12보다 4 큰 수를 똑같이 둘로 가르기 한 수이므로 12＋4＝16에서 16을 둘로 똑같이 가르기 하면 ㉯는 8입니다.

20 5＋●＝14에서 ●＝9,
●＋■＝15에서 9＋■＝15,
■＝15－9＝6,
■－▲＝4에서 6－▲＝4, ▲＝6－4＝2,
●＋▲＝가에서 9＋2＝가, 가＝11

21 빨간색 구슬 수는 87보다 크고 95보다 작은 홀수이므로 89, 91, 93인데 십의 자리 숫자

가 2, 4, 6, 8 중 하나이므로 89입니다.

22 처음 성호가 가진 바둑돌은 4와 6을 모은 10개 인데, 2개를 잃어버렸으므로 10－2＝8에서 성호는 바둑돌 8개를 가지고 있습니다.

민수가 처음 가지고 있던 바둑돌의 수는 5와 2를 모은 7개이고, 성호에게 몇 개를 받아 10개가 되었으므로 성호에게 3개를 받았습니다.

따라서 성호에게 남은 바둑돌은 8개에서 민수에게 3개를 주고 남은 5개입니다.

23 ◺ : 8개, ◹ : 4개, ◿ : 4개

따라서 찾을 수 있는 크고 작은 ▲ 모양은 8＋4＋4＝16(개)입니다.

24 5＋㉮＋6＋㉯의 합과 2＋7＋6＋㉯의 합이 같습니다.

5＋㉮＋6＋㉯＝2＋7＋6＋㉯에서
5＋㉮＝2＋7, ㉮＝9－5＝4입니다.

25

ㄱ   ㄴ   ㄷ

ㄹ   ㅁ   ㅂ

(ㄱ, ㄴ, ㄹ), (ㄱ, ㄷ, ㄹ), (ㄴ, ㄷ, ㄹ),
(ㄱ, ㄴ, ㅁ), (ㄱ, ㄷ, ㅁ), (ㄴ, ㄷ, ㅁ),
(ㄱ, ㄴ, ㅂ), (ㄱ, ㄷ, ㅂ), (ㄴ, ㄷ, ㅂ),
(ㄹ, ㅁ, ㄱ), (ㄹ, ㅂ, ㄱ), (ㅁ, ㅂ, ㄱ),
(ㄹ, ㅁ, ㄴ), (ㄹ, ㅂ, ㄴ), (ㅁ, ㅂ, ㄴ),
(ㄹ, ㅁ, ㄷ), (ㄹ, ㅂ, ㄷ), (ㅁ, ㅂ, ㄷ)
➡ 18가지

KMA 최종 모의고사

1 회　　　　　　　　　　80~87쪽

01	⑤	02	97	03	3
04	8	05	14	06	4
07	12	08	6	09	③
10	7	11	15	12	9
13	54	14	20	15	12
16	10	17	8	18	8
19	3	20	15	21	13
22	18	23	31	24	17
25	52				

02 여든일곱은 **87**이고, **87**보다 **10** 큰 수는 **97**입니다.

03 **55>5□**에서 □ 안에 들어갈 수 있는 숫자는 **0**부터 **4**까지입니다.
62<6□에서 □ 안에 들어갈 수 있는 숫자는 **3**부터 **9**까지입니다.
4□<44에서 □ 안에 들어갈 수 있는 숫자는 **0**부터 **3**까지입니다.
따라서 □ 안에 공통으로 들어갈 수 있는 숫자는 **3**입니다.

04 □+2=10, □=8
따라서 주머니에 있던 구슬은 **8**개입니다.

05 □-6-3=5 ➡ □-6=8
➡ □=8+6=14

06 □+(□+2)=10, □+□=8, □=4
따라서 내가 **6**개, 동생이 **4**개를 가지면 됩니다.

08 ▨ ➡ 3개, ▨▨ ➡ 2개,
▨▨▨ ➡ 1개
따라서 크고 작은 ■ 모양은 모두
3+2+1=6(개)입니다.

09 ③ 뽀족한 부분이 있는 모양은 ▲ 모양과 ■ 모양입니다. ▲ 모양은 **8**개이고 ■ 모양은 **5**개이므로 모두 **13**개입니다.

10 (어떤 수)+9-3=13에서
(어떤 수)=13+3-9=16-9=7입니다.

11 어제까지 받은 붙임 딱지 : **4+4=8**(장)
오늘까지 받은 붙임 딱지 : **8+7=15**(장)

12 15-□+7=12라고 하면,
15-□=12-7=5이므로
□=15-5, □=10입니다.
그런데 15-□+7이 12보다 크게 하려면 □ 안의 수는 10보다 작은 수가 되어야 합니다.
따라서 □ 안에 들어갈 수 있는 수 중 가장 큰 수는 10보다 작은 수 중 가장 큰 수이므로 **9**입니다.

13 수가 **3**씩 커지는 규칙입니다.
36-39-42-[45]-[48]-51-[54]-57
따라서 ☆에 알맞은 수는 **54**입니다.

14 56보다 크고 77보다 작은 수는 57, 58, 59, 60, 61, 62, 63, 64, 65, 66, 67, 68, 69, 70, 71, 72, 73, 74, 75, 76입니다.
따라서 모두 **20**개입니다.

15 ■+2+3+12에서 ■=7이고
▲+8+5=15에서 ▲=2입니다.
㉠=7-2-3=2이고
㉡=2+3+5=10이므로
㉠+㉡=2+10=12입니다.

16

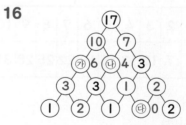

㉮=6, ㉯=4, ㉰=0이므로
㉮+㉯-㉰=6+4-0=10입니다.

17 ◺ ➡ 3개, ◹ ➡ 3개,
◸ ➡ 1개, ◹ ➡ 1개
따라서 크고 작은 ▲ 모양은 모두 **8**개입니다.

18 10시에서 2시간 전의 시각은 10-2=8(시)입니다.

19 • 16을 똑같이 둘로 가르기 하면 8씩이므로
16=8+8에서 ■=8입니다.
• 18을 똑같이 셋으로 가르기 하면 6씩이므로
18=6+6+6에서 ●=6입니다.
• ■+●+▲=17에서 8+6+▲=17이므로 ▲=3입니다.

20 ㉠=15−8=7, ㉡=17−8−3=6,
㉢=3−2=1, ㉣=6−1=5,
㉤=8−5=3, ㉥=7−3=4
따라서 ⌐⌐ 안에 있는 5개의 수들의 합은
4+3+5+1+2=15입니다.

21 10개씩 묶음 2개와 낱개 3개인 수: 23
10개씩 묶음 5개와 낱개 15개인 수: 65
23보다 크고 65보다 작은 수 중에서 숫자 3이
들어가는 수는 30, 31, 32, 33, 34, 35,
36, 37, 38, 39, 43, 53, 63이므로 모두
13개입니다.

22
가장 큰 경우	가장 작은 경우

③—⑤—② ➡ 10   ③—①—④ ➡ 8
(①위, ④아래)   (②위, ⑤아래)

따라서 ■+▲=10+8=18입니다.

23
■ 모양의 수(개)	1	2	3	4	5	6	7	8	9	10
성냥개비의 수(개)	4	7	10	13	16	19	22	25	28	31

24 (수박만 산 사람)
=(수박을 산 사람)
 −(수박과 포도를 같이 산 사람)
 −(수박과 참외를 같이 산 사람)
=16−3−4=9(명)
(참외만 산 사람)
=(참외를 산 사람)
 −(수박과 참외를 같이 산 사람)
 −(포도와 참외를 같이 산 사람)
=14−4−2=8(명)
➡ (수박만 산 사람)+(참외만 산 사람)
  =9+8=17(명)

25 ▷ : 16개, ◸ : 16개, ◿◺ : 8개,
◺ : 4개, △ : 4개,
▨ : 4개
따라서 모두 16+16+8+4+4+4=52(개)
입니다.

01	90	02	88	03	3
04	4	05	15	06	9
07	8	08	③	09	③
10	8	11	9	12	9
13	③	14	21	15	3
16	7	17	9	18	4
19	11	20	6	21	66
22	9	23	7	24	7
25	15				

01 100보다 10 작은 수는 90입니다.
89보다 1 큰 수는 90입니다.
90을 아흔이라고 읽습니다.

02 십의 자리 숫자가 모두 다르므로 십의 자리 숫자가 가장 큰 수를 찾습니다.
2, 7, 8, 5 중에서 8이 가장 크므로 88이 가장 큰 수입니다.

03 □ 안에 들어갈 수 있는 숫자는 7, 8, 9이므로 모두 3개입니다.

04 동전은 그림 면과 숫자 면으로 구별됩니다.
10개 중 그림 면이 6개이면 숫자 면은
10−6=4(개)입니다.

05 유승 : 7+5+3=15(점)
한솔 : 4+5+5=14(점)

06 예슬이네 집에 있는 책은 $6+8+4=18$(권)
입니다. 따라서 읽지 않은 책은
$18-3-6=9$(권)입니다.

08 그림에서 사용된 모양은 ● 모양이 **12**개,
▲ 모양이 **10**개, ■ 모양이 **7**개입니다.

09 ③ 분침이 **6**을 가리키고 있으면 **30**분이므로
시침은 숫자와 숫자 사이에 있어야 합니다.

10 $14-6=8$(개)

11 ・$4+9=■$에서 ■$=13$
・$■-6=▲$에서 $13-6=▲$, ▲$=7$
・$▲+●=16$에서 $7+●=16$,
●$=16-7=9$

12
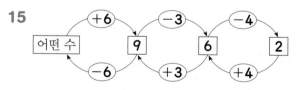

형이 먼저 **3**개를 갖고 남은 사탕 **12**개를 형과
동생이 똑같이 나누어 가지면 형은 $3+6=9$(개)
의 사탕을 갖게 됩니다.

13 ① **42** ② **65** ③ **71** ④ **55** ⑤ **42**

14 □ 안에 들어갈 수 있는 숫자는 **2, 3, 6**입니다.
시온이가 **2**등이 되려면 몇십에 해당하는 숫자
가 **4**보다 커야 하므로 시온이가 만든 수는 **67**
입니다.
상희가 남은 숫자 **2**와 **3**을 사용하여 **21** 또는
31을 만들어도 몇십에 해당하는 숫자가 **4**보다
작으므로 윤정이가 **3**등이 됩니다.
따라서 윤정이가 만든 수는 **43**이므로 상희가
만든 수는 **21**입니다.

15
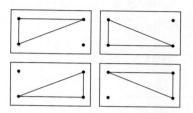

따라서 (어떤 수)$=9-6=3$입니다.

16 **3**개의 덧셈식이 성립되는 방법은 **2**가지가 있
습니다.
방법1 $1+8=9$, $2+3=5$, $4+6=10$
방법2 $3+6=9$, $1+4=5$, $2+8=10$

따라서 숫자 **7**을 사용할 수 없습니다.

17 가장 많이 사용된 모양은 ▲ 모양으로 **10**개이
고, 가장 적게 사용된 모양은 ■ 모양으로 **1**개
이므로 두 모양의 개수의 차는 **9**개입니다.

18 **3**개의 점을 연결하여 ▲ 모양을 만들면 **4**가지
입니다.

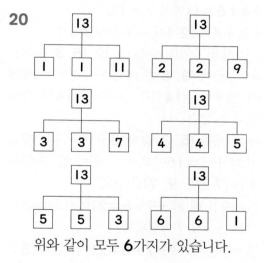

19 ・$●+●=14$에서 ●$=7$입니다.
・$●+▲=16$에서 $7+▲=16$, ▲$=9$입니다.
・$▲-■=●$에서 $9-■=7$에서 ■$=2$입니다.
・$■+★=▲+4$에서 $2+★=9+4$,
★$=11$입니다.

20

13				13		
1	1	11		2	2	9

13				13		
3	3	7		4	4	5

13				13		
5	5	3		6	6	1

위와 같이 모두 **6**가지가 있습니다.

21 ⌐⊔ 방향으로 **1**씩 작아지는 규칙이므로 색
칠한 부분에 들어갈 수는 **66**입니다.
왼쪽으로 두 칸씩 뛸 때 수는 **8**씩 작아지는 규
칙이 있습니다.
$82 ➡ 74 ➡ 66$

22 $8+5+㉴=4+㉮+㉴$이므로
$8+5=4+㉮$입니다.
따라서 $㉮=13-4=9$입니다.

따라서 ㉠+㉡+㉢+㉣=**9**+**5**+**1**=**15**입니다.

23

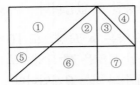

도형 **1**개 짜리 : ②, ③, ④, ⑤ ➡ **4**개
도형 **2**개 짜리 : ①+⑤, ②+③, ②+⑥
➡ **3**개
➡ **4**+**3**=**7**(개)

24

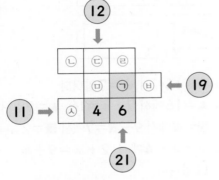

㉦+**4**+**6**=**11**에서 ㉦=**1**입니다.
㉢+㉤+**4**=**12**에서 ㉢+㉤=**8**에서
(㉢, ㉤)이 될 수 있는 수는 (**3**, **5**), (**5**, **3**)입니다.
① (㉢, ㉤)이 (**3**, **5**)일 때 **5**+㉠+㉥=**19**에
서 ㉠+㉥=**14**인데 ㉠+㉥=**14**를 만족
할 수는 없습니다.
② (㉢, ㉤)이 (**5**, **3**)일 때 **3**+㉠+㉥=**19**에
서 ㉠+㉥=**16**이고 (㉠, ㉥)이 될 수 있는
수는 (**7**, **9**), (**9**, **7**)입니다.
③ ㉠=**9**일 때 ㉣+**9**+**6**=**21**에서 ㉣=**6**이
므로 ㉠=**9**가 아닙니다.
④ ㉠=**7**일 때 ㉣+**7**+**6**=**21**에서 ㉣=**8**입
니다.
따라서 ㉠에 알맞은 수는 **7**입니다.

25 두 사람의 **3**회까지의 점수의 합이 같으므로
㉠+㉡=**9**입니다.
4회까지 과녁 맞히기를 했을 때도 승부가 나지
않고 **5**회로 넘어갔으므로 **4**회에서는 두 사람
이 모두 같은 점수를 얻었습니다. ➡ ㉢=**5**
5회까지 과녁 맞히기를 한 결과 유승이가 **2**점
차이로 승리하였으므로 한솔이의 **5**회 점수는
유승이의 **5**회 점수보다 **2**점이 적습니다.
➡ ㉣=**3**-**2**=**1**

Memo

Memo

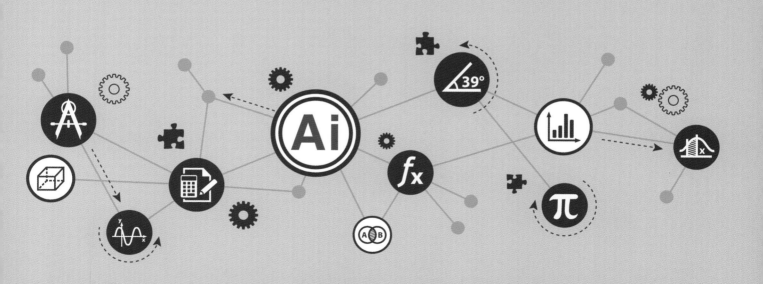

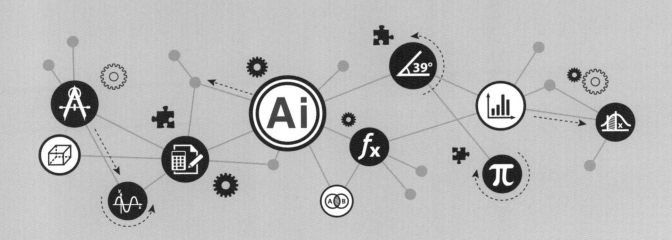